Amazônia

Berço acolhedor de tanta vida

As diferentes dimensões da violência

Sebastião Antônio Ferrarini

Amazônia

Berço acolhedor de tanta vida

As diferentes dimensões da violência

Edições Loyola

Dados Internacionais de Catalogação na Publicação (CIP)
(Câmara Brasileira do Livro, SP, Brasil)

Ferrarini, Sebastião Antônio
   Amazônia: berço acolhedor de tanta vida : as diferentes dimensões da violência / Sebastião Antônio Ferrarini. -- 1. ed. -- São Paulo : Edições Loyola, 2023. -- (Temas e perspectivas)

   ISBN 978-65-5504-268-9

   1. Amazônia - Aspectos sociais 2. Amazônia - História 3. Biodiversidade - Amazônia 4. Ecologia - Amazônia 5. Violência 6. Problemas sociais I. Título.II. Série.

23-149139   CDD-363.3209811

Índices para catálogo sistemático:

1. Brasil : Violência : Região Amazônica : Segurança
   pública : Problemas sociais   363.3209811

Eliane de Freitas Leite - Bibliotecária - CRB 8/8415

Preparação: Marta Almeida de Sá
Capa: Viviane Bueno Jeronimo
   Imagem de © PaulSat | Adobe Stock
Diagramação: Sowai Tam

Edições Loyola Jesuítas
Rua 1822 n° 341 – Ipiranga
04216-000 São Paulo, SP
T 55 11 3385 8500/8501, 2063 4275
editorial@loyola.com.br
vendas@loyola.com.br
www.loyola.com.br

Todos os direitos reservados. Nenhuma parte desta obra pode ser reproduzida ou transmitida por qualquer forma e/ou quaisquer meios (eletrônico ou mecânico, incluindo fotocópia e gravação) ou arquivada em qualquer sistema ou banco de dados sem permissão escrita da Editora.

ISBN 978-65-5504-268-9

© EDIÇÕES LOYOLA, São Paulo, Brasil, 2023

104272

A todos os que partilham o ideal de vida plena
para todas as criaturas.

À SOMBRA DO ETERNO
S. A. Ferrarini — Vozes da Hileia — 1981

Revestido de pujante liberdade
nos recônditos da mata equatorial
desde a mais remota antiguidade,
viveram muito além do litoral.

Enquanto eram seus iguais perseguidos,
dos portugueses, opróbrios recebiam,
nunca se ouviu desses bravos um gemido.
Do Neblina à sombra infinita viviam.

Vencido o tempo, a Amazônia profanada,
invadidos seus rios e igarapés.
Ávida de lucros, a vil manada
profanou a terra mura e maués.

Para findar está o século vinte,
necessita de riquezas minerais;
vai procurá-las evitando acinte,
em remotos quadrantes setentrionais.

Dos nativos a cultura — obra-prima;
mas o que vale é a riqueza e o poder.
Por isso, até as matas do Parima,
o ávido capital está a corroer.

A nobre nação ali adormecida,
sob os páramos dos deuses do Neblina,
moribundos tombam, a vida vencida
pelos cíveis que rasgam suas colinas.

O manso véu do nevoeiro lindo
já deixa de envolver segredo profundo.
Pensavam que o branco era um deus ali vindo,
a grã nação já descrê deste mundo.

Seus dilatados, solenes funerais
podem, sim, ser sinal de sofrimento;
e seus bem mais de oito mil comensais
parecem sentir de seu fim o momento.

E o Brasil deixará de ter a glória
desses valentes do Rio Catrimani;
e este massacre entrará para a história,
pois apagou-se a cultura YANOMAMI.

Sumário

Prefácio 9

Introdução
Onde fica essa Amazônia da qual o senhor tanto fala? 25

   I O bioma amazônico acolhe o *homo sapiens*.
      Primeiras manifestações da violência 31

  II A violência contida no itinerário das grandes intervenções
      sociais, políticas e econômicas na Amazônia 49

 III A violência contra a cultura originária 61

 IV A violência contra o bioma e a identidade amazônica 69

  V A violência subjacente nos mitos sobre a região 109

 VI A violência contida nos grandes projetos 119

VII A violência inserta na história. Violência contra
      os curumins e cunhatãs. Um aspecto da opressão geral
      contra os autóctones na Amazônia 125

VIII A violência do paradigma antropocêntrico 169

IX A violência por déficit de natureza 177

X A violência oculta nos sentidos 181

XI Amazônia e bem-estar integral dos viventes 187

Prefácio

A presente publicação *Amazônia, berço acolhedor de tanta vida: as diferentes dimensões da violência*, de Sebastião Antônio Ferrarini, é a continuidade de uma obra intensa e extensa por meio da qual o autor vem se dedicando a pensar, refletir e entender a Amazônia profunda há quase meio século.

Com grande propriedade e conhecimento da Amazônia e de seus povos, o Irmão Ferrarini, como é mais conhecido entre nós, nos brinda com mais um excelente estudo importante e necessário num contexto de grande ameaça à Amazônia. "Nunca a Amazônia esteve tão ameaçada", afirmavam no *Instrumentum Laboris* (n. 2) os participantes do Sínodo Especial para a Amazônia (2019).

No entanto, a vida na Amazônia está ameaçada pela destruição e pela exploração ambiental, pela violação sistemática dos direitos humanos elementares da população amazônica. De modo especial, a violação dos direitos dos povos originários, como o direito ao território, à autodeterminação, à demarcação dos territórios e à consulta e ao consentimento prévios, garantidos internacionalmente na Convenção 169 da Conferência Geral da Organização Internacional do Trabalho sobre Povos Indígenas e Comunidades Tradicionais. À revelia dos tratados internacionais dos quais o Brasil é signatário, o atual governo vem permitindo graves violações aos direitos humanos e a destruição do ecossistema na Amazônia.

Em uma precisa e objetiva memória histórica, Ferrarini aponta que a atual conjuntura de violação da Amazônia começou com o processo colonizatório e perdura com as novas colonialidades impostas pelo sistema neoliberal. A ameaça à vida deriva de interesses econômicos e políticos dos setores dominantes da sociedade atual, de maneira especial, de empresas extrativistas, muitas vezes, em conivência ou com a permissividade dos governos locais, nacionais, e das autoridades tradicionais (aliciadas pelos neocolonizadores).

Desde os primórdios da colonização, a violência predatória da vida na Amazônia tem se aperfeiçoado e atualizado seus métodos de exploração, contaminação e destruição de todas as formas de vida nessa região. O primoroso texto de Ferrarini reafirma uma Amazônia, com sua natureza exuberante e ao mesmo tempo frágil, que acolheu uma grande diversidade de povos, ao longo da história, no interior de suas matas e na beira de seus rios. Desde o início da colonização, esses povos passaram a ser chamados, genericamente, de índios. A homogeneização, estratégia muito recorrente no colonialismo, nivelou e reduziu milhares de etnias e grandes civilizações a meros "índios". Nos informes oficiais, criou-se uma narrativa colonizatória afirmando que esses povos eram despossuídos de qualquer forma de saber ou conhecimento. Por isso, precisavam ser colonizados. Narrativa essa que perdura até os dias de hoje nos discursos de governantes que continuam reproduzindo as estratégias de controle e dominação de diversos povos e de seus territórios.

Na contramão das narrativas colonizatórias, cronistas e missionários das primeiras expedições e viagens de portugueses e espanhóis, ao longo dos rios Solimões e Amazonas, nos séculos XVI e XVII, fazem inúmeras referências à abundância de alimentos que encontraram em todas as povoações ao longo dos rios principais e de seus afluentes e à alta densidade populacional de numerosas "nações" que habitavam a região. A perspectiva histórica desses povos foi interrompida de forma brusca e violenta pelo projeto colonial que, valendo-se da guerra, da escravidão, da ideologia religiosa e das doenças, provocou na Amazônia uma das maiores catástrofes demográficas da história, além de um etnocídio sem precedentes[1]. A presença da Igreja junto aos Povos Indígenas e sua tomada de posição em defesa desses povos foram e continuam sendo um grande sinal profético de apoio, compromisso e vivência radical do Evangelho.

A presença da Igreja, vinculada à Coroa Portuguesa pelo regime do padroado, tornou difícil reconhecer o valor das culturas e, portanto, o projeto histórico desses povos. Mesmo

---

1. HECK, EGON; LOEBENS, FRANCISCO; CARVALHO, PRISCILA D., *Amazônia indígena: conquistas e desafios*, São Paulo, *Revista Estudos Avançados* n. 19 (53), 2005; 238.

assim, muitos missionários foram perseguidos, presos e expulsos porque denunciaram a violência e a injustiça praticadas contra os indígenas[2].

Passados mais de quinhentos anos de severo e sistemático colonialismo, poucos se posicionaram em defesa dos povos e de seus territórios. Marcadamente, muitos missionários da Igreja Católica se posicionaram em defesa dos Povos Indígenas, não raramente contrários à orientação institucional. Por causa disso, muitos pagaram com a própria vida, outros foram perseguidos, presos ou expulsos da Amazônia. Em seus documentos oficiais, o Sínodo Especial para a região Pan-Amazônica, ocorrido entre 2017-2019, reconhece que muitos foram os missionários e missionárias, e gente do povo, que deram suas vidas em defesa da Amazônia e dos seus povos, e reafirma que, mais do que em outros tempos, a presença da Igreja junto aos povos indígenas somando-se em suas lutas e resistências é fundamental e necessária para evitar a reprodução dos processos históricos de etnocídio e genocídios[3].

Ao longo dos mais de quinhentos anos de colonização, incontáveis foram as investidas capitalistas predatórias na Amazônia, resultando em uma das economias extrativistas mais perversas e sangrentas da humanidade. De modo especial, na última parte do segundo capítulo Ferrarini descreve as principais investidas intervencionistas que marcaram a história da

---

2. Idem, 239.
3. Especialmente o *Instrumentum Laboris* (Documento de Trabalho).

Amazônia e de seus povos num contínuo processo de extração de seus recursos, que deixa para trás um rastro de destruição e morte.

Atualmente, o avanço capitalista sobre a Amazônia faz parte de programas oficiais de devastação vinculados a políticos e empresas especializadas na exploração predatória. A mercantilização da Amazônia ocorre em diversas frentes, mas todas passam pela permissividade oficial do governo, que "deixa passar o gado" em uma referência ao avanço do desmatamento, das queimadas e do agronegócio[4].

De forma simultânea, diversas frentes de exploração, que já atuaram em outras partes do mundo, se dirigem à Amazônia. São madeireiras que haviam sido coibidas nas últimas décadas e se reativaram a partir de 2017 sob o disfarce de exploração sustentável. Prometem o reflorestamento e, não raro, atuam sob a permissão e o licenciamento das instituições governamentais com selo de "certificação verde" ou sob a prerrogativa da eco ou bioeconomia, que influencia até mesmo as altas instâncias de debate do próprio Vaticano[5].

---

[4]. "Ministro do Meio Ambiente defende passar 'a boiada' e 'mudar' regras enquanto atenção da mídia está voltada para a Covid-19. Declarações ocorreram em reunião do dia 22 de abril, cujas imagens foram divulgadas nesta sexta (22) pelo ministro do STF Celso de Mello". Disponível em: <https://g1.globo.com/politica/noticia/2020/05/22/ministro-do-meio-ambiente-defende-passar-a-boiada-e-mudar-regramento-e-simplificar-normas.ghtml>. Acesso em: 28 jan. 2023.

[5]. "Papa nomeia Virgílio Viana na Academia de Ciências Sociais do Vaticano. Virgílio Viana entra para a academia, que é um grupo de especialistas

Uma das consequências do modelo econômico predatório da Pan-Amazônia é a migração. A região vive um dos maiores e mais intensos processos de deslocamentos compulsórios internos e internacionais. Os grandes projetos economicistas predatórios atraem grandes contingentes de trabalhadores de outras regiões e provoca crescimento populacional simultâneo e vertiginoso nas cidades e nos arredores dos empreendimentos. Os dados demográficos indicam que muitos municípios da Amazônia estão com alta pressão demográfica, o que se deve, em grande medida, à explosão de empreendimentos relacionados à área da mineração ou à instalação de grandes projetos, como a construção das grandes hidrelétricas, das malhas portuárias e das plataformas de petróleo e gás.

Contraditoriamente, ao mesmo tempo que atraem migrantes, os mesmos empreendimentos econômicos expulsam milhares de habitantes locais para dar lugar a novas instalações que não lhes permitem nenhum tipo de participação, nem mesmo o direito de continuar morando em áreas de uso tradicional[6]. Os impactos dos grandes projetos definem também

---

de confiança do papa". Jornal *Em Tempo*, 1º maio 2022. Disponível em: <https://emtempo.com.br/39001/amazonas/papa-nomeia-virgilio-viana-na-academia-de-ciencias-sociais-do-vaticano/>. Acesso em: 28 jan. 2023. Presidente da Fundação Amazônia Sustentável, Viana é um político influente na Amazônia e um dos maiores empresários do "negócio verde" nas últimas décadas.

6. "Crise na Venezuela: o repúdio das instituições dos Direitos Humanos contra a deportação em massa dos indígenas Warao". Disponível em: <https://amazoniareal.com.br/crise-na-venezuela-o-repudio-das-insti

deslocamentos posteriores; a depender do tipo de intervenção, por exemplo, um grande desmatamento, uma hidrelétrica ou uma mineradora provocam impactos na vida da fauna e da flora nos arredores de sua instalação. Com a diminuição da caça e da pesca, da colheita da castanha e de outros recursos de uso coletivo, muitos povos indígenas ou ribeirinhos se veem também obrigados a migrar em consequência da fome que vai se instalando aos poucos.

O garimpo ilegal que aterroriza a região há mais de quinhentos anos voltou com toda a força nos últimos anos atrelado às grandes mineradoras e companhias de petróleo autorizadas a realizar exploração mineral, inclusive em terras indígenas. A ação desses empreendimentos capitalistas provoca todo tipo de destruição das florestas, contaminação dos rios e lagos, poluição do ar e deslocamentos de comunidades inteiras — uma verdadeira violação da Casa Comum e uma afronta à Ecologia Integral[7].

Os eventos climáticos e ambientais provocam importantes deslocamentos humanos na Amazônia. Não que eles sejam novos. Os povos da Amazônia sempre conviveram com os ciclos da natureza sem grandes prejuízos. O que é novo é a intervenção humana intensificando os impactos dos eventos climáticos e ambientais que tomam proporções maiores

---

tuicoes-dos-direitos-humanos-contra-a-deportacao-em-massa-dos-indios-warao/>. Acesso em: 28 jan. 2023.

7. PAPA FRANCISCO, *Carta Encíclica Laudato Sì: sobre o cuidado da casa comum*, São Paulo, Paulinas, 2015.

do que aquelas com as quais os povos da região estão acostumados a lidar. Uma coisa é conviver com o fenômeno natural das cheias e das vazantes quando os grandes rios alimentam os lagos e a fartura de peixes é sinal de felicidade para os ribeirinhos e indígenas. Outra coisa bem diferente é enfrentar uma grande inundação provocada pela intervenção de uma grande hidrelétrica como tem ocorrido com o *Complexo Hidrelétrico do Rio Madeira*, composto de duas usinas de grande porte: a Usina Hidrelétrica de Jirau (com capacidade de 3.750 MW) e a Usina Hidrelétrica de Santo Antônio (com capacidade de geração de cerca de 3.500 MW), localizadas nas proximidades de Porto Velho. O mesmo ocorre com as cidades da Amazônia Boliviana e Peruana, com os afluentes dos grandes rios invadidos pelas hidrelétricas.

A título de exemplo, essas hidrelétricas têm provocado importantes impactos climáticos e ambientais nas proximidades da capital rondoniense. Muitos moradores foram deslocados compulsoriamente para dar lugar às instalações das hidrelétricas. Muitos outros foram e continuam sendo deslocados com os picos frequentes de inundação a cada período chuvoso. Com o tempo, áreas mais distantes do complexo, em toda a região do baixo rio Madeira, vêm sofrendo com as enchentes e os transbordamentos dos igarapés e, consequentemente, com o encharcamento do solo e a elevação do lençol freático, gerando a morte da floresta, tornando áreas de terra firme inaptas à agricultura.

A intensificação dos eventos climáticos e ambientais impactados pelos grandes projetos tem sido recorrente em toda a Pan-Amazônia. Tornam-se eventos nos quais há pouca ou nenhuma intervenção governamental, porque, na maioria das vezes, o evento em si está assegurado pelo Estado, que protege, permite e financia os grandes projetos, autoriza a ação das mineradoras, dos garimpos, da circulação das embarcações, sem atendimento às leis de controle de navegação. Dessa forma, os governos legitimam os grandes projetos que impactam diretamente os eventos de ordem climática e ambiental e não assumem suas consequências. Além disso, o Estado tem assumido seguidamente a postura de criminalização das lideranças populares e dos movimentos sociais que ousam questionar e se posicionar contra os impactos socioambientais dos grandes projetos na região.

De forma especial, a Comissão Pastoral da Terra (CPT), o Movimento de Atingidos por Barragens (MAB), o Conselho Nacional de Seringueiros (CNS), o Conselho Missionário Indigenista (CIMI), o Movimento Nacional pela Soberania Popular Frente a Mineração (MAM), o Movimento dos Trabalhadores Sem Terra são algumas das organizações sociais que têm apresentado resistências e questionado os governos locais com relação aos câmbios climáticos e ambientais intensificados pela intervenção dos grandes projetos[8].

Ferrarini apresenta outros temas complexos que ainda persistem nessa região: o etnocídio e o genocídio. Tem sido

---

8. Essa luta já custou a vida de muitas lideranças ambientais, dentre elas, a de *Nilce de Souza Magalhães, a Nilcinha, militante do MAB, assassinada em janeiro de 2016 no lago* da barragem da Usina Hidrelétrica Jirau, em Porto Velho.

longa e árdua a luta e a resistência desses povos que passaram pela escravidão, pela expropriação, pela invasão dos colonizadores, dos seringalistas, dos grandes empresários do agronegócio e da Zona Franca de Manaus. O etnocídio e o genocídio estão estreitamente relacionados com a destruição da floresta. A mesma floresta que os povos indígenas protegeram e com a qual conviveram por milênios, em menos de cinquenta anos, teve mais de sua metade totalmente destruída. Nesse ritmo de destruição, permitida, incentivada e até mesmo patrocinada pelo Estado brasileiro, desde os governos militares, por meio de seus diversos planos de ocupação e desenvolvimento econômico, até o atual Programa de Aceleração do Crescimento, a Amazônia corre risco de desaparecer em poucos anos, e, com ela, os povos milenares que ainda resistem.

Na contramão dos projetos economicistas predatórios, diversos povos vêm se organizando para garantir sua sobrevivência e a sobrevivência do território. São inúmeras as redes de resistência, conhecimento, reflexão e alianças que passam pela Coordenação das Organizações Indígenas da Bacia Amazônia (COICA), pela Coordenação das Organizações Indígenas da Amazônia Brasileira (COIAB), pelo Grupo de Trabalho Amazônico (GTA), pelo Fórum Social Pan-Amazônico (FOSPA), pela Rede Eclesial Pan-Amazônica (REPAM), dentre outras iniciativas de organização social[9].

---

9. HECK, EGON; LOEBENS, FRANCISCO; CARVALHO, PRISCILA D., *Amazônia indígena: conquistas e desafios*, São Paulo, *Revista Estudos Avançados* n. 19 (53), 2005, 238.

Ferrarini deixa claro, em suas reflexões, que os povos originários ocuparam a Amazônia por milhares de anos e que sobrevivem de seus recursos sem destruir o bioma. Ele explica que isso perdurou até a colonização que imprimiu à região um processo cada vez mais acelerado de destruição. Com os colonizadores, a Amazônia conheceu a escravidão indígena, a destruição de suas florestas e de seus recursos naturais, a contaminação de seus rios e de suas águas, a chegada das cidades sem planejamento. Desde então, os povos tradicionais vêm resistindo aos impactos do progresso e do desenvolvimento baseados no modo de vida capitalista que se contrapõe ao modo de vida dos povos originários. Atualmente, muitas são as instituições preocupadas com os impactos do desenvolvimento capitalista na Amazônia e muitos indivíduos se empenham na busca de meios e possibilidades de uma convivência que retome e dê novos significados à construção de relações humanas baseadas em práticas de cooperação e de participação. As alternativas ao desenvolvimento econômico capitalista são amplamente compartilhadas por grupos e comunidades inteiras que mantêm uma vivência pautada na partilha e na solidariedade, nas relações de convivência, no respeito e no cuidado com a terra, as águas e as florestas. Esse é o preceito da Terra Sem Males presente na espiritualidade de praticamente todos os povos *indígenas* que denominam esse modo de vida de *bem viver*.

Refere-se a outro modo de vida que se contrapõe ao entendimento do significado do progresso técnico e industrial desenvolvido na Amazônia pelos grandes empreendimentos empresariais que vêm provocando imensuráveis processos de destruição do território e da sociobiodiversidade, tendo como referencial a mundialização do mercado econômico, sem regulação externa, que cria pequenas ilhas de riquezas, mas também zonas crescentes de miséria, pobreza e exclusão social e econômica.

O antigo preceito dos povos indígenas antes da chegada dos colonizadores expressava uma inter-relação de equilíbrio e interdependência entre os seres humanos e a natureza numa permanente atitude de responsabilidade, de cuidado e proteção da sociobiodiversidade, em função de uma civilização justa, solidária e sustentável. De acordo com os preceitos do *bem viver*, ou destruímos a natureza e nos afundamos com ela, ou nos salvamos por meio de uma nova forma de relação, em que a vida dos seres humanos e de toda a natureza esteja em primeiro lugar.

O que se constata é que a intensa exploração da natureza vem acarretando diversas catástrofes naturais, não podendo mais esconder a estreita ligação entre estas e a destruição do meio ambiente pela ação humana. Percebe-se com isso que os problemas ambientais são sistêmicos, interligados.

No paradigma do *bem viver* encontra-se um importante paradoxo entre o conceito de progresso para os povos indígenas e os demais povos tradicionais da Amazônia e o conceito de progresso para as elites econômicas. Enquanto, para os primeiros, o progresso significa a garantia da sobrevivência em condições plenas e o alcance de uma convivência baseada numa relação de respeito e interdependência com a natureza sem prejuízos para nenhuma das partes, para outros, o progresso significa tão somente o avanço da economia, a dominação e o controle da exploração comercial dos recursos naturais. Enquanto, para os primeiros, progresso significa *bem viver*, para os demais, significa viver bem, ou seja, adquirir coisas, competir no mercado, ter poder de compra, ter posses e propriedades.

Atualmente, na Amazônia, muitos são os focos de resistência aos projetos desenvolvimentistas pautados na exploração desmedida e na destruição dos recursos naturais que, no entendimento dos Povos da Amazônia, seriam recursos de uso coletivo compartilhado, num modo de vida não capitalista, adotado e assimilado milenarmente por esses povos. Nesse entendimento, o *bem viver* não significa ausência do *progresso* e nem atraso proposital. Pelo contrário, significa alternativa ao desenvolvimento baseado na lógica desenvolvimentista neoliberal ou neocolonial. Não se trata de rechaço à ciência e às novas tecnologias. As alternativas à sociedade neoliberal, ao mercado e ao consumo exacerbado podem contar com as inovações tecnológicas de ponta, desde que estejam a serviço da vida com qualidade e dignidade para todos os seres vivos sobre a Terra.

Nesse sentido, a relação de convivência com a Amazônia representa um conflito de paradigmas civilizatórios. Enquanto, para o paradigma ocidental, civilizar significa homogeneizar todos os povos e as sociedades ao modelo de vida capitalista, para os povos indígenas, significa *Sumak kawsay*, de origem quéchua, que revela um paradigma civilizatório de equilíbrio com o ciclo da *Pachamama*, nossa *Mãe Terra*, ou a *Terra sem Males*.

A insistência no paradigma do *bem viver* tem provocado a fúria das elites econômicas na Amazônia, que não aceitam outro modo de vida que não seja o capitalista ocidental. E uma das maneiras de se arrefecer o avanço das resistências organizadas é a criminalização das estratégias de organização dos movimentos sociais camponeses, indígenas, ribeirinhos, seringueiros. Esses povos têm em comum a consciência de que o projeto político e econômico dominante na Amazônia foi, uma vez mais, elaborado fora da região e que está sendo implantado a ferro e fogo com características pós-coloniais. Não leva em conta as potencialidades e os limites do bioma. Pelo contrário, o projeto político e econômico é imposto aos povos, que devem aceitar os sacrifícios de sua implantação como contribuição a um projeto maior de crescimento econômico, apresentado ideologicamente como desenvolvimento nacional.

A experiência do *bem viver* dos povos indígenas da Amazônia revela que é possível viver com pouco, com muito pouco mesmo. E viver com dignidade, com parcimônia, com partilha e solidariedade permanente. Por outro lado, é preciso reconhecer que esses povos dominam técnicas ancestrais de produção de alimentos, de pesca, de cultivo do solo e da diversidade das espécies. São portadores de conhecimentos de altíssimo valor humano, social, político, numa outra lógica de economia, baseada no paradigma do despojamento ou da sobrevivência, e não da acumulação e da riqueza. Conclui-se que, graças à insistência dos povos indígenas e camponeses da Amazônia, ainda podemos falar de sociobiodiversidade, de respeito às diferenças, de um modo de vida estreitamente relacionado com a floresta, com os rios, com a várzea e com o movimento das águas.

Diferentemente dos "valores" do sistema patriarcal, mencionado por Ferrarini na metade do quarto capítulo, nesse outro modo de vida possível, as mulheres têm conquistado mais espaço e ampliado sua participação na luta pela terra e em defesa dos recursos das águas e das florestas. As pessoas idosas são respeitadas e reconhecidas por sua sabedoria e por sua experiência de vida. As crianças aprendem brincando, saltitando, participando dos trabalhos e ouvindo os mais velhos. Os jovens têm saído para conhecer o mundo, falar outras línguas, estudar novas ciências, mantendo seus vínculos com suas comunidades e suas identidades. Essas e milhares de outras experiências demonstram que outro modo de vida, de organização social e política, e outras economias são possíveis e necessárias na atual conjuntura.

Muitas outras reflexões que brotam dessa primorosa obra de Ferrarini teriam lugar neste breve prefácio. No entanto, fica para os(as) leitores(as) a gratificante experiência de sua leitura e a sistematização de novos debates, que, com certeza, surgirão a partir dessa temática tão provocativa. Por fim, fica registrada a gratidão a Ferrarini por manter atualizado esse debate pertinente e necessário na Amazônia.

Boa Vista, 5 de junho de 2022,
Dia Mundial do Meio Ambiente

Márcia Maria de Oliveira*

---

* Doutora em Sociedade e Cultura na Amazônia; pós-doutorado em Sociedade e Fronteiras; professora e pesquisadora do Curso de Ciências Sociais e do Programa de Pós-Graduação em Sociedade e Fronteiras da Universidade Federal de Roraima; assessora da Rede Eclesial PanAmazônica (REPAM).

Introdução
Onde fica essa Amazônia da qual o senhor tanto fala?

Essa era a pergunta que os senadores, na Corte do Rio de Janeiro, faziam a um eminente político que seguidamente falava sobre a região amazônica. Hoje, podemos responder afirmando que ela está fisicamente no Centro Norte da América do Sul, mas, pelos benefícios que traz a todo o planeta Terra, ela se encontra em qualquer lugar. E tem a vocação de oxigenar o planeta e manter o equilíbrio climático mundial com a enorme interconexão entre águas doces, vegetação e o que leva para os oceanos: água e sedimentos. Outras regiões do planeta também contribuem para esse equilíbrio e essa harmonia universal. No entanto, seu processo de extinção está mais avançado, considerando as proporções das áreas.

Estes textos abordam as diversas violências exercidas sobre os povos da Amazônia e o ambiente físico. Um breve resumo aponta os povos que habitavam a região antes da passagem de Yañez Pinzón pelo Mar Dulce (Foz do Amazonas). A Amazônia era habitada por numerosas comunidades nativas pertencentes a muitas nações. Entretanto, todos esses habitantes foram depois chamados, genericamente, de índios, epíteto discriminatório subjacente na cultura atual.

Os novos habitantes que ali aportaram vindos da Europa impuseram um violento jugo aos povos nativos, motivo pelo qual, a partir dos anos 1600 em diante, muitos grupos foram dizimados. Houve também mistura racial em razão dos casamentos ocorridos; nem todos, é claro, realizados de forma livre. A tenaz resistência dos nativos a uma cultura escravista forçou os arrivistas a introduzir escravos africanos. Estes também encontraram estratégias de resistência à opressão colonial.

A descoberta de um recurso natural de inúmeras aplicações — a borracha — levou para o interior da Amazônia um enorme contingente de pobres nordestinos. Estes, também, em sua maioria, foram oprimidos por uma economia insaciável de matéria-prima. Era preciso produzir muito para alimentar vários ramos industriais, como o químico, o farmacêutico, o calçadista, por exemplo, mas, sobretudo, o pneumático, com a descoberta da vulcanização (em 1839) na fabricação de carros.

Permeando as fímbrias dessa sociedade amazônida encontravam-se os pequenos produtores, os comerciantes fixos e ambulantes (regatões), as pessoas ocupadas nos serviços e nos postos públicos. A Amazônia iria receber, nos séculos XIX e XX, grandes contingentes de migrantes; num primeiro momento, majoritariamente do Nordeste e, num segundo momento, sobretudo, do Sul e do Sudeste do Brasil.

Outros que chegaram à Amazônia, mas não para se ocupar com a lida do látex, porém, com algo decorrente dela, foram os sírio-libaneses, sobretudo no comércio, e os japoneses, na agricultura.

Apresentarei também um quadro que resume as grandes intervenções no cenário amazônico. Ele conduz o leitor, através dos séculos XVI a XX, a percorrer esse espaço e verificar as medidas adotadas pela civilização que se impunha.

A cultura originária foi subjugada pelos arrivistas que desenvolveram inúmeras estratégias para o controle da região. As tentativas de submeter os povos da região caminharam *pari passu* com as tentativas de submeter o meio ambiente. Havia dependência total do mundo das águas. Diferentemente do Estado do Brasil, o Grão-Pará movia-se mais lentamente e as concepções de tempo e espaço eram distintas. Ao mesmo tempo que a região fascinava, também gerava medo. Movidos por esse mundo de mistérios, de desafios, de fascínios, de iminência de encontrar o "*El Dorado*", alguns seres humanos fizeram com que o imenso cenário fosse violentado e subjugado.

Quando falamos de biomas, temos de falar de identidades. A Amazônia tem uma identidade. É um ambiente com características próprias, e, na medida em que se exige dele produzir o que não lhe compete, se exerce sobre ele uma violência. A Amazônia tem uma vocação específica no conjunto dos biomas do Planeta Terra. O avanço desenfreado pelos neocolonizadores, jamais satisfeitos com o espaço que ocupam, e os meios que utilizam para submeter o espaço físico e cultural estão aniquilando o bioma e afetando a saúde do planeta e dos seres vivos.

Há muitas concepções sobre a região que não condizem com a realidade. Em sua maioria, as pessoas têm visões fragmentadas da Amazônia e dos processos educativos, e a mídia não colabora na construção de uma visão ampla e profunda dessa realidade. Portanto, torna-se fácil sucederem-se projetos que há muito tempo estão destruindo de forma galopante esse grande ecossistema.

Uma realidade historicamente presente na região é o tráfico de crianças indígenas, uma prática bastante arraigada até os anos 1900. Essa temática é bastante recorrente nos relatos de viajantes, estudiosos, antropólogos e cientistas do meio ambiente que percorreram a Amazônia e deixaram extensos e profundos registros sobre essas atividades que encontraram ao navegar pelos rios amazônicos e perambulando pelos núcleos urbanos. Aqui, veremos dois relatos que demonstram a "ousadia" dos oprimidos em denunciar seus opressores.

A cultura ocidental, de concepção arraigadamente antropocêntrica, foi e é geradora de violência. E essa é ainda a mentalidade. Dela decorrem todas as violências contra o meio ambiente, notadamente contra o bioma amazônico. É uma mentalidade gestada, em geral, no contexto socioeducativo, em que as crianças recebem a noção de que os elementos da natureza são hostis, inimigos do ser humano. Esse contexto ilumina também o modelo de desenvolvimento, de civilização, de mercado. O mundo está altamente urbanizado. Mas quem mora na cidade necessita de alimentos, de oxigênio e de muitos recursos vindos da natureza. As novas gerações não sabem de onde são oriundos esses recursos. Elas desconhecem o ciclo da natureza; não conhecem a identidade das criaturas da fauna e da flora, não sabem que todas as criaturas têm sentidos e têm direito a um lugar no universo. As pessoas crescem em meio a um déficit de natureza e de espiritualidade, num caminho aberto para opções de vida frustrantes e violentas. Reeducar os sentidos é uma necessidade para que a pessoa se torne mais sensível, simples e solidária com todas as criaturas.

É importante conhecer as múltiplas dimensões da Amazônia para o bem-estar do planeta. Seus incalculáveis recursos beneficiam toda a humanidade e todas as criaturas. Não é necessário transformar a Amazônia num latifúndio de oleaginosas, ou numa fazenda de nelores. O mundo necessita de alimentos mais fundamentais e refinados que esses — o oxigênio e o equilíbrio do planeta com seus bosques, rios e sedimentos depositados nos oceanos. A vegetação — as matas, as florestas — existia muitos anos antes do ser humano, e deve continuar existindo sem ele, mas o ser humano não pode viver nem um instante sem o verde, sem as florestas. Já é evidente que esse berço acolhedor de tanta vida está sendo transformado num ataúde.

I
O bioma amazônico acolhe o *homo sapiens*
Primeiras manifestações da violência

No princípio, eram os povos nativos...

Os povos que habitam a Amazônia estão nessa região há cerca de 10 mil anos ou mais. Construíram um *modus vivendi* harmonizado com o meio ambiente[1]. Preferiram as várzeas dos baixos rios e o litoral. Eram povos caçadores e coletores. Por volta dos anos 1000 a 200 a.C., vieram também ceramistas pelo Noroeste e se estabeleceram na Foz do Amazonas, tornando-se caçadores, pescadores, coletores e agricultores. Entre os séculos I e XII, praticaram a agricultura itinerante cultivando milho e mandioca. Talvez tenham iniciado também o cultivo da pupunha. Há vestígios de sambaquis, palafitas, aterros artificiais e inscrições rupestres nos rios Negro, Içana, Xingu, Machado...

---

1. VERÍSSIMO, JOSÉ, As populações indígenas e mestiças da Amazônia, in *Revista Trimestral do Instituto Historico e Geographico Braziliero*, tomo 50, Parte I, Rio de Janeiro: Typographia, Lithographia e Encadernação a vapor de Laemmert & C., 1887, 295-390.

Depois os europeus

As estimativas apontam para um contingente populacional amazônico entre 2 milhões e 6 milhões de habitantes em 1500. Os ibéricos instalaram-se na América do Sul a partir de 1500. Os lusitanos, depois de firmarem sua presença na costa atlântica, investiram sobre a Amazônia a partir dos anos 1600. Como toda empresa colonial só vingava com o braço escravo, Portugal lançou-se sobre os nativos. Faltava para estes as três características essenciais à civilização europeia (a lei, a fé e um rei), então, foi fácil deduzir que eles eram bárbaros, inferiores. Assim como ocorreu com os povos caribenhos, por conta da volúpia castelhana, aconteceu na Amazônia com os lusitanos: um verdadeiro genocídio.

Daí veio o despovoamento

Manoel Teixeira, pelo testemunho do vigário de Belém, informa que entre 1615-1655 foram extintos milhões de autóctones que viviam em mais de quatrocentas aldeias. Ainda que os números do vigário não sejam exatos, dão uma ideia da magnitude da violência. Diversas são as causas dessa tragédia: trabalho escravo, trabalho compulsório, guerras, mudanças forçadas de hábitos, epidemias (varíola, por exemplo).

> Os Omágua (Kambeba) foram um dos maiores e mais importantes povos que moravam nas terras de várzea do Amazonas. Muitos viajantes europeus que passaram por aqui antigamente ficavam espantados com o tamanho

das aldeias e das plantações que os Kambeba tinham. Os Kambeba sempre viveram na várzea. Acostumaram com a terra que depois de alagada fica muito boa para plantar. As casas eram enfileiradas à margem do rio. O território dos Kambeba era muito grande, com mais ou menos 700 quilômetros de comprimento ao longo do rio. É difícil dizer quantos Kambeba existiam aqui, mas em 1500 eram mais de 400 aldeias e cada aldeia tinha de 700 a 3.000 pessoas. Aqui no Amazonas a invasão das terras aconteceu pelo rio, por isso os Kambeba sofreram diretamente com a chegada dos brancos. Aos poucos o povo Kambeba foi diminuindo cada vez mais, morrendo de doenças, fugindo para longe e deixando para trás tudo o que eles construíram e todo conhecimento que tinham da vida na várzea. Depois de 1970, quando começaram a acontecer as assembleias e encontros indígenas, os Kambeba se apresentaram outra vez dizendo quem eles eram. Aí todo mundo conheceu que eles são os Omágua que sempre viveram aqui nas terras da Várzea[2].

Povos adventícios na primeira fase colonial

Os portugueses avançaram sobre a Amazônia na direção Leste-Oeste. Estabeleceram aldeamentos, vilas, fortes, missões, feitorias. Os espanhóis deslocaram-se, sobretudo, na direção Oeste-Leste, usando as mesmas estratégias. Conflitos

---

2. Cimi/Unicef, *Aua Kambeba. A palavra da aldeia Nossa Senhora da Saúde*, Unicef, 1999.

fronteiriços entre essas duas nações ibéricas deixaram muitos povos nativos entre dois fogos. Ingleses, franceses e holandeses exerceram pressão, sobretudo na direção Norte-Sul. Alianças de cada um desses povos com algum povo nativo lançaram numa guerra fratricida autóctones contra autóctones.

A civilização ocidental "organiza" a região amazônica

Portugal criou na sua colônia da América do Sul o Estado do Brasil e o Estado do Grão-Pará; este, com a capital em Belém. A princípio, constituíam-se de capitanias. Depois, estas foram extintas e surgiram as comarcas. Em 1823, Grão-Pará aderiu à Independência e se uniu ao Brasil. Surgiram as Províncias do Amazonas (1850) e do Pará[3]. Belém, a porta da Amazônia, foi fundada em 1617. Com a ascensão do Marquês de Pombal, em Portugal, sua política foi incrementada na região amazônica por obra de Francisco Xavier de Mendonça Furtado. Ele transformou as missões em vilas[4]. Os missionários foram expulsos e deram "liberdade" aos nativos. Estes passaram a sofrer novas opressões, e se intensificou a anulação das culturas locais[5].

---

3. BENA, ANTÔNIO, *Ensaio chorográfico sobre a Província do Grão-Pará* [s.l.], Belém, 1839.

4. FERRARINI, S. A., *Borba, a primeira vila do Amazonas*, Manaus, Metro Cúbico, 1991.

5. LIMA, ARAÚJO, *Amazônia, a terra e o homem*, São Paulo, Nacional, 1937.

A introdução da cultura afro

Os africanos chegaram à Amazônia de forma compulsória, forçados a trabalhar para os colonizadores. Via Belém, o primeiro contingente chegou em 1692. Entre 1757 e 1820, entraram por Belém 53.720 africanos que foram escravizados. Manaus, capital da Província do Amazonas, no ano em que decretou a libertação dos escravos, 1884, tinha cerca de 1.500 escravos.

Também por outra porta amazônica foram introduzidos os africanos: o vale do Rio Guaporé. Por conta da descoberta de minas de ouro, a região floresceu à sombra da pequena e opulenta Vila Bela da Santíssima Trindade, sede da capitania de Mato Grosso. Tanto pelo interior de Rondônia (Guaporé) como por meio do Baixo Amazonas, os africanos constituíram muitos quilombos, que foram locais de refúgio para muitos oprimidos pelo sistema: escravizados, autóctones, marginalizados brancos e mestiços. Tinham uma economia diversificada e boa organização social.

Na era pombalina, a política demográfica e social dava nítida preferência ao ariano e ao autóctone. Procurava-se afastar ao máximo a miscigenação com o elemento africano. Essa segregação social é um dos elementos constitutivos da fraca presença africana na Amazônia até 1870.

> Meus pais me falavam que a Cabanagem surgiu de repente nos lugares, nas fazendas, acontecendo, e quem tinha suas fortunas escondendo e tudo mais. E eles vinham devorando. Só os brancos tinham bens. Preto, aliás, escravo, não teve nada na vida. Os brancos tiravam dos pretos.

Os brancos eram tão ricos porque os pretos trabalhavam por eles. Eram mandados. Tudo o que faziam era para eles. Não eram donos do seu serviço. Escravatura era perigoso: os brancos faziam dos pretos escravos. Reclamavam, aí vem morte ou castigo. Tinha que sofrer tudo. Escravatura era só trabalhar. Fugiram para o mato. Os donos tinham que buscar. Voltavam de novo. Tem mocambo por essas cabeceiras porque fugiram[6].

A importância dos nativos na cultura ocidental

Em que pese a aversão do colonizador pelos povos autóctones, sabia, entretanto, que nada conseguiria sem o seu concurso. A forte campanha de luzitanização conseguiu impor nomes da cultura do colonizador aos topônimos amazônicos. A fala do *nheengatu* foi proibida. Diversos elementos nativos que conviviam pacificamente nas missões, sobretudo dos jesuítas, foram proibidos. No entanto, o nativo era imprescindível para o colonizador. O que seria deste sem o conhecimento do emaranhado dos rios, lagos, igarapés, furos, igapós da parte do povo Mura, Kambeba e de todos os outros povos? Como o colonizador conheceria as ervas medicinais, as frutas comestíveis e as utilidades das plantas, as artimanhas na caça, na pesca? Os povos nativos constituiriam as vilas, dando, assim, início à malha urbana na Amazônia. Foi graças ao seu trabalho, seja escravo,

---

6. THORLBY, TIAGO, *A Cabanagem na fala do povo*, São Paulo, Paulinas, 1987.

seja miseravelmente assalariado, que surgiram as cidades de Belém e Manaus, entre tantas outras.

Perguntei numa universidade da região se os alunos ali estudavam, na etimologia, as raízes das inúmeras palavras herdadas dos povos originários. Responderam que não, mas que estudavam raízes gregas e latinas! Ora, o vocabulário no Brasil, e sobretudo na Amazônia, é composto de uma infinidade de palavras provenientes das culturas locais. Mas não se estuda!

Tipos humanos

Depois de aproximadamente duzentos anos de contatos interculturais, surgiram na Amazônia diversos tipos humanos. Desde o início da colonização, a política estratégica da metrópole incentivava os casamentos de soldados com mulheres nativas[7]. Dessa miscigenação se originou o mameluco. Esse tipo humano recebera diversas denominações, como curiboca, caboclo, mestiço. Tem cor acobreada e cabelos lisos. Do relacionamento entre o branco (colonizador) e o afro (escravo) se originou o pardo. A união da raça negra com as demais raças era muito desestimulada e desprestigiada, pois teria menos chances de encontrar seu lugar e obter as vantagens sociais e econômicas em comparação com a raça nativa e a branca. Da união entre a raça negra e a raça nativa se originou o tipo

---

7. PORRO, ANTÔNIO, Uma crônica ignorada: Anselm Eckart e a Amazônia setecentista. *Boletim do Museu Paraense Emílio Goeldi. Ciências Humanas,* v. 6, n. 3, 575-592, set.-dez. 2011.

cafuzo. Os motins ocorridos nas províncias do Grão-Pará juntaram os deserdados da sociedade (pobres) e os não arianos, nativos ou mesclados[8].

Nesse cenário demográfico havia ainda a pequena parcela de elementos brancos (europeus, colonizadores) e os autóctones não mesclados, e dentre estes um grande contingente ainda não contatado pela civilização ocidental.

A segunda investida sobre a Amazônia

A primeira metade dos anos 1800 marcou um grande marasmo em toda a Amazônia ocidentalizada. A pobreza era generalizada, e a densidade demográfica, estável ou diminuía. O Amazonas, por volta de 1850, não superava a casa dos 50 mil habitantes. Nativos "pacificados" constituíam a maior parte da população. Ocupavam-se nos misteres domésticos, agrícolas e industriais.

Os nativos deram a conhecer aos ocidentais a utilidade do látex. A descoberta da vulcanização daria grande importância à goma elástica. Havia abundância de *hevea brasiliensis* no imenso vale amazônico. No Nordeste brasileiro existia um contingente ocioso de mão de obra. Esses fatores convergentes transportariam avultadas ondas migratórias espontâneas — sobretudo induzidas — para a Amazônia. Entre 1870 e

---

8. MIRANDA, BERTINO, *A cidade de Manaus. Sua história e seus motins políticos*, Manaus, Calderaro, 1984.

1915, cerca de 300 mil nordestinos foram estabelecidos no vale amazônico, sobretudo nas bacias dos rios Javari, Juruá, Purus e Madeira. Mais tarde, no início da década de 1940, por conta da Segunda Guerra Mundial, outros 100 mil fariam o mesmo caminho, sob a denominação de "soldados da borracha".

Nordestinação da Amazônia

Essa população adventícia avançou sobre as comunidades nativas de regiões amazônicas ainda inóspitas, repetindo o primeiro "processo civilizatório" ocorrido a partir dos anos 1600 na calha amazônica e nos baixos e médios cursos de alguns tributários do Amazonas. Instalou-se a cultura da borracha. O contato do nordestino com os nativos foi, em geral, violento, discriminador, e perpetuou uma mentalidade preconceituosa que persiste até os nossos dias. A mentalidade do amazônida é antinativa. Os povos originários foram vistos como inimigos perigosos, como se fossem selvagens como os animais da floresta. Houve, entretanto, uma profunda mescla cultural, uma vez que se multiplicaram os casamentos entre homens nordestinos e mulheres nativas.

O tipo humano nordestino já chegou à região amazônica muito miscigenado. Era resultante de uma secular mescla de elementos europeus — sobretudo dos portugueses —, africanos e autóctones. A vinda desses enormes contingentes de flagelados intensificou a marca da cultura negra na região. "A Amazônia tem uma série de raízes indígenas, portuguesas e negroides, porém, tem raízes culturais que não pertencem somente a ela, mas que vieram do nordeste seco", explica Aziz Ab'Sáber[9]. Dentre os muitos relatos que coletei no Rio Purus, destaco estes trechos:

> Estava no Ceará com minha família. Era soldado. O chefe, por causa da guerra, pediu que muitos viessem para o Amazonas extrair o leite do lacre. Vim acompanhado de mais de mil homens. Os proprietários desses centros de indústria extrativa iam, anualmente, ao Ceará e outros estados do Nordeste, fazer o recrutamento de trabalhadores. Seduziam-nos falando das secas arrasadoras, da penúria em que viviam, da abundância... Assim sugestionados formavam grupos de emigrantes que eram transportados para a capital do Estado onde embarcavam às centenas nos porões infectos dos navios do Loyd. Em Manaus, esse carregamento humano baldeava para a terceira classe dos gaiolas que os transportavam para o seringal [...] As coisas em Guarabira, como em toda Paraíba, estavam ruim [sic], aí por 1909. Falava-se muito em Amazonas. Pensando enricar logo, me mandei para cá. O governo pagou a passagem. Mas foi uma viagem ruim. Navio superlotado: eram 900 pessoas e ainda pelo caminho embarcavam mais. Todos vinham com muita esperança para o Amazonas. [...] O seringueiro sai de manhã, ainda escuro, rumo à estrada da seringa. Volta também no escuro e tem de defumar o leite. Às vezes acaba o trabalho pelas nove da noite. Às vezes vai dormir sem jantar. Luta contra a doença.

---

9. MAUÉS, RAYMUNDO HERALDO, Um aspecto da diversidade cultural do caboclo amazônico: a religião. USP, Estudos Avançados, 53. *Dossiê Amazônia brasileira I*, São Paulo, 2005.

Quando ela ataca forte, mata. As crianças morrem à míngua, porque o seu pai não tem com que comprar uma pílula. E há ainda uma derrota: o patrão rouba[10].

A cultura sírio-libanesa na Amazônia

No imaginário popular, quando nos referimos a comerciantes, sobretudo ambulantes, não há como não se referir aos "árabes", incluindo aí os libaneses, os turcos, os sírios, os palestinos, enfim, o povo do Oriente Próximo. Creio que não exista cidade no interior da Amazônia que não tenha uma venda cujo proprietário não seja alguém com o sobrenome de uma daquelas regiões[11]. Residi vários anos em muitas cidades da Amazônia (Manaus, Rio Branco, Cruzeiro do Sul, Tabatinga, Lábrea, Canutama, Tapauá, Boa Vista, Porto Velho, Ji-Paraná...). Em diversos lugares, consultei antigos e preciosos jornais do século XIX (a partir de 1800) e XX (a partir de 1900) e constatei, através destes veículos, a presença de muitas famílias "árabes" e de suas casas comerciais na região[12]. Ali, onde há uma rua de intenso comércio, não podem faltar as casas comerciais sírio-libanesas,

---

10. FERRARINI, S. A., *Transertanismo, O sofrimento e a miséria do nordestino na Amazônia*, Petrópolis, Vozes, 1979.

11. ANTONACCIO, GAITANO; BAZE, ABRAHIM, *A colônia árabe no Amazonas: aspectos econômicos, sociais, políticos e profissionais*. Manaus, G. Antonaccio, 1996; MONTEIRO, MÁRIO YPIRANGA, *O regatão*, Manaus, Sergio Cardoso, 1958.

12. Por exemplo, em Cruzeiro do Sul, no Acre, os jornais *O Rebate* e *O Juruá*, do senhor João Mariano.

assim como numa área de intensa presença japonesa não pode faltar um restaurante típico ligado a essa cultura. Foi, sobretudo, no período gomífero que abundou o comércio sírio-libanês na Amazônia, quer fixo, quer itinerante, pelos rios onde se situavam os seringais[13]. Desses comerciantes regatões se disse bastante coisa: exploravam os seringueiros e ribeirinhos com suas espertezas e habilidades comerciais; tinham o mérito de ligar a longínqua colocação com os maiores centros urbanos e levar para essas remotas localidades os produtos essenciais para sua subsistência; matizaram, com essa atividade, o cenário dos rios navegáveis da Amazônia, locais onde ninguém chegava, nem o poder público.

A cultura asiática na Amazônia

No início do século XX, chegaram algumas colônias japonesas, que se estabeleceram na zona bragantina, no Amapá e no Médio Amazonas, em Maués (1930) e em Parintins (1931)[14]. Algumas comunidades subsistiram, como a de Tomé-Açu, com a cultura da pimenta. Enquanto a cultura "árabe" marca o comércio, a presença japonesa se destaca na agricultura[15]. Em

---

13. GOULART, JOSÉ ALÍPIO, *O regatão, mascate fluvial da Amazônia*, Rio de Janeiro, Conquista, 1968.
14. HOMMA, ALFREDO KINGO OYAMA, *A imigração japonesa na Amazônia*, Belém, Embrapa/Fiepa, 2007.
15. Idem, *Os japoneses na Amazônia e sua contribuição ao desenvolvimento agrícola*, Brasília, Embrapa, 2016.

Parintins, criaram a Vila Amazônia e cultivaram, com sucesso, um ótimo tipo de juta, muito procurado para a fabricação de sacas para transportar os grãos de café. O advento da Segunda Guerra Mundial dispersou os habitantes da Vila, uma vez que o Brasil e o Japão estavam em campos opostos.

A cultura comercial na Amazônia

Já se tem ciência da presença de irlandeses, franceses, holandeses e ingleses na Amazônia e de suas feitorias e seus entrepostos comerciais. Além de serem inimigos de Portugal, quase todos são considerados hereges, por isso foram escorraçados da região. No ciclo gomífero, importantes casas comerciais estrangeiras estabeleceram-se na região, de modo que se podia falar de um Purus inglês, um Solimões e Juruá franceses etc. Os estilos de vida inglês e, sobretudo, o francês modelaram os costumes da elite amazônida e influenciaram a cultura, a tecnologia, a arte e a arquitetura.

Podemos ver que esse tipo de presença persiste ainda hoje se considerarmos, por exemplo, que as empresas instaladas na Zona Franca de Manaus têm suas sedes nos países desenvolvidos.

A extinção de povos nativos

Do contato desastroso entre os adventícios e os nativos resultou um progressivo genocídio das nações amazônicas. Na Amazônia brasileira desapareceram 763 nações, sendo 223 no Pará, 100 em Rondônia, 38 no Amapá, 32 no Acre e 370 no

Amazonas. As bacias mais afetadas com essa enorme eliminação de autóctones foram a do Rio Negro, com a extinção de 89 nações, dentre elas, os Baré, Manao, Caboquena e Tarumã; do Rio Madeira-Maués, com a extinção de 24 nações, entre elas, a dos Aripuanã, do Pamana, Iruri e Andirá; do Rio Japurá, com o desaparecimento de 40 nações, como a Aruá e a Japurá; do Rio Purus, com a extinção dos Júri, Cuxiuara, Puru, Iorimã[16] e, em 2021, os Juma. O mesmo processo aconteceu na Amazônia boliviana, colombiana e peruana, principalmente por conta da exploração da borracha. O magnata Júlio César Arana del Águila, estabelecido em Iquitos[17], no Peru, usou de extrema violência contra nativos como os Uitotos, na exploração do caucho.

Terceira investida demográfica na Amazônia

A partir da década de 1960 do século XX, os planos de desenvolvimento dos governos, as novas fronteiras do agronegócio e o medo da internacionalização da região empurraram para a Amazônia levas e levas de novos ocupantes. Vinham, sobretudo, da região Sudeste e Sul. Trouxeram para a região novos elementos culturais, uma vez que a maior parte era descendente de alemães, italianos, poloneses e ucranianos. Com a chegada desses grupos, uns premidos pelas condições socioeconômicas dos locais de origem, outros induzidos, a paisagem

---

16. CIMI (Conselho Indigenista Missionário), *Outros 500. Construindo uma nova história*, São Paulo, Salesiana, 2001.

17. MATA, RAIMUNDO POSSIDÔNIO DA. *Revista IPAR*, Belém, ano V, n. 8.

física foi profundamente alterada. Uma cultura ocidentalizada foi implantada, e em muitas partes desapareceu a marca genuinamente amazônica. O cenário urbano passou a ter cada vez mais lugar. O tipo de atividade agropastoril implantada provocou uma desastrada agressão ao meio ambiente e à cultura local, um processo que continua ocorrendo até hoje.

Povos ressurgidos, resistentes

O processo de desenvolvimento implantado na Amazônia, nos diferentes períodos históricos, sempre considerou o autóctone um empecilho ao que se entende por progresso. Em muitas situações, os povos nativos tiveram de negar a sua cultura para poder ser reconhecidos na cultura ocidental implantada. Com o tempo, desenvolveram uma rede de solidariedade e, com o a apoio de instituições como o CIMI (Conselho Indigenista Missionário), fizeram ouvir sua voz e deram a conhecer suas origens. Graças a esse processo, apareceram os povos chamados ressurgidos, emergentes ou resistentes[18]. Com muito trabalho, eles estão se reidentificando, se organizando e exigindo a delimitação de suas terras. Dentre esses povos, podemos citar Amazari, Arapium, Cazmaruara, Maitapu, Sapará e Tapajó, no Pará; Caixiana e Cambeba, no Amazonas; Apolina e Náua, no Acre; Kuazá, em Rondônia.

---

18. CIMI, Povos ressurgidos. Renascendo das cinzas, *Porantim*, n. 233, 2001; Nem ressurgidos nem emergentes, somos povos resistentes, *Porantim*, n. 256, 2003.

Comunidades de afrodescendentes também se organizaram e fizeram suas justas reivindicações. Comunidades ribeirinhas seguiram o mesmo processo de reconhecimento e exigências. Assim, os grupos que foram secularmente negados, oprimidos, sujeitados lançam hoje seus desafios aos que durante séculos impuseram um tipo de cultura, de desenvolvimento e de civilização que os marcaram muito mais com sinais de morte do que com sinais de vida e de esperança. As estatísticas atuais continuam demonstrando que essa marginalização (dos autóctones[19], negros, pardos, pobres em geral) continua.

Demografia e cultura nas fronteiras amazônicas

Além de abrigar grandes nações autóctones, a Amazônia Ocidental tem suas fronteiras bastante abertas, o que facilita o afluxo de pessoas. Cada vez mais, crescentes grupos de peruanos, bolivianos, colombianos, venezuelanos, haitianos e de outras nações da África adentram a Amazônia usando essas portas permanentemente abertas. Buscam o Brasil como um lugar de refúgio e oportunidade para se situar na vida. Muitos fogem de problemas sociais existentes em seus países. Isso é um sinal de que as fronteiras são algo relativo para as culturas nativas e para as culturas oprimidas, marginalizadas.

Na região amazônica peruana de Puerto Maldonado, deparei-me com imensos contingentes de grupos andinos que

---

19. Cimi, Violência contra os povos indígenas do Brasil, *Porantim*, n. 429, 2020.

foram escorraçados pelo binômio Sendero Luminoso e forças militares; em Letícia, na Amazônia colombiana, há outro contingente de colombianos que ali buscaram refúgio nas correrias dos narcotraficantes e da FARC (Forças Armadas Revolucionárias da Colômbia); Brasileia (no Acre) e Tabatinga (no Amazonas)[20] são portas de entrada de haitianos; Pacaraima (em Roraima) é um grande campo de refugiados venezuelanos que fogem das condições sociopolíticas de seu país.

Êxodo fluvial e ribeirinho

De um lado, as precárias condições de vida de muitas comunidades do interior amazônico e, de outro lado, o tumulto gerado com o avanço das novas fronteiras e as alardeadas oportunidades de emprego nos grandes centros urbanos[21] motivaram enorme êxodo entre o interior e a cidade. O custo social desse movimento é muito alto: palafitalização, encaixotamento humano, precariedade dos serviços públicos, destribalização — no caso das comunidades nativas —, novos mecanismos culturais etc. O modelo de sociedade e o de economia capitalista impostos na Amazônia acabaram forçando a coexistência da modernização e da exclusão social. A imensa massa que se direciona para os grandes centros urbanos, na esperança de um

---

20. FERRARINI, S. A., *Encontro de civilizações. O Alto Solimões e as origens de Tabatinga*, Manaus, Valer, 2013.

21. BENTES, NORMA, *Manaus. Realidade e contrastes sociais*, Manaus, Valer, 2005.

emprego, conta com cada vez menos possibilidades, pois as indústrias substituem a mão de obra pelas novas tecnologias.

Esse modelo de desenvolvimento é excludente — além de interferir negativamente no cenário natural, provoca a reprodução da pobreza e a má qualidade de vida para todos.

II
A violência contida no itinerário das grandes intervenções sociais, políticas e econômicas na Amazônia

O quadro a seguir apresenta o modo como foi sendo implantado o projeto colonizador. Sem opções para um modelo alternativo de trabalho e de missão. Um amplo cenário de disputas por terra e de incansável busca de riquezas. Natureza e povos ameríndios no fogo cruzado dos interesses dos que iam chegando e se apossando das terras e dos rios. Várias vozes surgiram na defesa dos povos oprimidos, mas foram silenciadas ao longo dos séculos pelas leis, pelas armas, pelo dinheiro e pela censura. Profetas resistiram, em que pese todo o aparato repressor.

Data	Eventos sociais, políticos e econômicos na Amazônia
1493	*Bula Inter Coetera* (Entre outras), de Alexandre VI, estabelecendo a Linha de Demarcação
1494	Tratado de Tordesilhas
1500	Em 5 de abril, Descobrimento do Rio Amazonas por Vicente Yañez Pinzón. Cabral chega ao Brasil.

Data	Eventos sociais, políticos e econômicos na Amazônia
1508	Bula de Júlio II, que fixava os direitos de Padroado aos reis de Espanha e Portugal
1532	Inácio de Loyola funda a Companhia de Jesus
1537	Encíclica do Papa Paulo II afirmando que os indígenas e outros povos devem ser convertidos por meio da evangelização a exemplo de costumes edificantes, e não pela violência
1540	Início da estruturação de uma área periférica do sistema capitalista mundial
1542	Francisco Orellana desce o Rio Amazonas; apontamentos de Frei Gaspar de Carvajal
1545	Concílio de Trento
1560	Viagem de Pedro de Ursúa e Lopo de Aguirre descendo o Amazonas
1573	Pero de Magalhães Gandavo escreve o *Tratado da terra e da gente do Brasil*, revelando a mentalidade dos colonos a respeito dos autóctones
1580	União Ibérica; feitorias francesas, inglesas, holandesas e irlandesas no Baixo Amazonas (Mercantilismo)
1612	La Ravardière funda colônia francesa no Maranhão — com Capuchinhos —; durou três anos
1614	Jerônimo de Albuquerque no Maranhão
1615	Alexandre de Moura chega ao Maranhão com os jesuítas; Jerônimo de Albuquerque, com os franciscanos; franciscanos, jesuítas e carmelitas no Maranhão
1615	Francisco Caldeira Castelo Branco governador no Pará (Feliz Luzitânia)
1616	Nossa Senhora de Belém do Grão-Pará; Forte do Presépio
1617	Em 28 de julho, fundação da cidade de Belém; presença de quatro franciscanos
1618	Em 20 de junho, Carta Régia cria o Estado do Maranhão; açorianos no Maranhão para a cultura da cana-de-açúcar

Data	Eventos sociais, políticos e econômicos na Amazônia
1619	O líder tupinambá Cabelo de Velha ataca Belém; represália violenta de Pedro Teixeira
1621	Criação do Estado do Maranhão com as Capitanias de Maranhão, Pará (Bento Maciel Parente, até 1626) e Cumã; fundação da Companhia das Índias Ocidentais; Luís Figueira publica *Arte da Língua Brasílica*
1623	O governador de Belém toma os fortes de Orange e Nassau, derrotando os franceses, ingleses e holandeses
1624	Chega o franciscano Frei Cristóvão a São Luís, autor de *História dos animais e árvores do Maranhão*
1625	Pedro Teixeira derrota as últimas forças inglesas, irlandesas e holandesas
1626	Bento Maciel Parente (caçador de autóctones) governador e capitão do Rio Amazonas; carmelitas em Belém.
1635	Extinção dos tupinambás; avanço do Mercantilismo
1637	Pedro Teixeira sobe o Rio Amazonas; Bento M. Parente torna-se representante do rei no Maranhão; criação da Capitania do Cabo Norte, doada a B. Maciel Parente; Figueira, SJ, publica em Lisboa a obra *Memorial sobre as terras e gentes do Maranhão, Grão-Pará e Rio das Amazonas*; os SJ pedem a criação de um bispado no Maranhão aos seus cuidados
1638	Em 25 de julho, alvará nomeando os SJ administradores das aldeias no Estado do Maranhão
1639	Pedro Teixeira toma posse da região (Alto Solimões) para a Coroa Portuguesa; extermínio dos tapajós; Cristóvão de Acuña, cronista, escreve *Nuevo Descrubrimiento del Gran Rio de las Amazonas*; mercedários em Belém, trazidos de Quito por Teixeira; Bula de Urbano VIII determinando a liberdade dos nativos na América (letra morta)
1640	Fim da União Ibérica; Pedro Teixeira torna-se representante do rei no Pará (1641)
1640	Ocupação holandesa do Maranhão

Data	Eventos sociais, políticos e econômicos na Amazônia
1647	Expulsão dos holandeses do Amapá; expedição do "Rio do Ouro"; provisão de 20 de julho justifica a redução por meio da força no caso de resgates; viagem de Raposo Tavares de São Paulo ao Peru, passando pelo rio Madeira e pelo Amazonas
1652	Carta Régia dá plenos poderes a Antônio Vieira para trabalho exclusivo junto aos indígenas
1654	André Vidal de Negreiros, representante do rei no Maranhão
1657	Missão Jesuíta no Rio Negro
1659	Chegada dos carmelitas no local onde se construiria Manaus; Vieira tenta organizar as missões no Amazonas
1660	Fortaleza de São José do Rio Negro
1661	Movimento dos colonos em Belém; expulsão do Padre Antônio Vieira, que incomodava com seus sermões e a defesa dos indígenas
1662	Primeira expulsão dos SJ do Pará; os franciscanos atraem indígenas na região litigiosa das Guianas
1666	Franciscanos conseguem aldear, perto de Belém, os indígenas Aruã, do Marajó
1669	Construção de precária fortaleza na boca do Rio Negro, berço da cidade de Manaus; o nome primitivo do local era Destacamento do Resgate
1673	Belém, capital do Estado do Maranhão
1679	Dom Gregório dos Anjos, primeiro bispo do Maranhão
1680	Em 1º de abril, Lei das Liberdades Indígenas, que mandava entregar aos jesuítas a administração espiritual dos indígenas
1681	Em 7 de abril, criação da Junta das Missões, no Maranhão — coparticipação administrativa nos aldeamentos
1684	Nova expulsão dos jesuítas na rebelião liderada por Manuel Beckman
1685	Gomes Freire de Andrade, representante do Rei no Maranhão; Padre Samuel Fritz, SJ, de Quito, começa a trabalhar no Solimões (ou 1686)

Data	Eventos sociais, políticos e econômicos na Amazônia
1686	Tensões entre missionários e o mundo colonial (1686-1724); início da missão empresarial da missão jesuítica (até 1759); em 21 de dezembro, Regimento das Missões, confiando a missão temporal e espiritual das aldeias aos missionários, abolindo os privilégios da Companhia de Jesus; Samuel Fritz no Solimões
1692	Chega a Belém a primeira leva de 145 escravos africanos
1693	Chegada em Belém dos franciscanos da Província da Piedade; início do ciclo missionário carmelitano na Amazônia, até 1755; divisão das terras a serem missionadas no Grão-Pará aos: jesuítas, franciscanos, carmelitas e mercedários
1695	Carmelitas encarregados da evangelização do Rio Negro
1709	Envio de uma tropa para acabar com a "ousadia" dos jesuítas espanhóis no Solimões
1711	Morre João Maria Gorzoni, SJ, com mais de cinquenta anos dedicados aos indígenas da Amazônia
1712	Ameaça de expulsão dos Mercedários; mapa de Samuel Fritz "El gran rio Marañon, Amazonas, con las misiones de la Compañía de Jesús"
1713	Tratado de Utrecht: Rio Oiapoque divisa Brasil-França
1718	Início do governo de Bernardo Pereira de Berredo, até 1722
1719	Criação da Diocese de Belém
1720	Padre João Sampaio, SJ, contata os Muras no Rio Madeira; Revolta dos Muras
1721	Dom Bartolomeu do Pilar, primeiro bispo do Pará (até 1733)
1722	Governo de João da Maia da Gama, até 1728; expedição de Francisco de Mello Palheta às cabeceiras do rio Madeira
1727	Em 12 de setembro, provisão régia obrigando os missionários a ensinar o português aos indígenas; o mesmo em 1752; governo de Alexandre de Souza Freire (até 1732)
1730	O rei reconhece o direito dos missionários
1736	Viagem de Charles Marie de La Condamine à Amazônia

Data	Eventos sociais, políticos e econômicos na Amazônia
1740	Breve do papa Clemente XIV "*Immensa Pastorum*" condenando a escravidão de indígenas: não foi publicado em Portugal por ordem do Marquês de Pombal
1743	Criada a missão de Santa Rosa — Guaporé
1748	Epidemia de sarampo; Divisão da Província de São Paulo, entre São Paulo e Mato Grosso
1750	Em 13 de janeiro, Tratado de Madri; Lei do *Uti Possidetis*; em 31 de julho, morre Dom João V, o rei-sol português; Dom José I ascende ao trono; Marquês de Pombal torna-se ministro
1751	Governo de Francisco Xavier de Mendonça Furtado, até 1759; em 31 de maio, Instruções Régias secretas, dando início ao conflito com os missionários; transformação substancial do Regimento das Missões; criação do Estado do Grão-Pará e Maranhão (Belém)
1754	Marquês de Pombal diz ser impossível a prosperidade do Estado sem a retirada dos Regulares das fazendas que possuem: "Delenda Carthago"; em 2 de setembro, expedição da demarcação das fronteiras — conflito pelos indígenas requisitados aos missionários; extinção do sistema de Capitanias
1755	Liberdade absoluta de todos os indígenas com a retirada das mãos dos religiosos da administração temporal dos aldeamentos; em 3 de março, criação da Capitania de São José do Rio Negro (do Javari). Fundação da Companhia Geral do Comércio do Grão-Pará e Maranhão
1756	Trocano = Vila de Borba
1757	Em 17 de agosto, Diretório; execução do decreto de abolição do governo temporal dos missionários; em 11 de junho, Barcelos se torna capital da capitania de São José do Rio Negro, até 1791; Diretório dos Índios; idioma português torna-se obrigatório; estimulado casamento de homens brancos com mulheres indígenas; trabalho de João Daniel: "Tesouro Descoberto"
1758	Secularização das Missões; Capital Barcelos = Mariuá
1759	Diretório; governo civil nas aldeias; expulsão dos jesuítas da Amazônia e do Brasil

Data	Eventos sociais, políticos e econômicos na Amazônia
1761	Padre Gabriel Malagrida, defensor dos indígenas, pobres, mulheres violentadas, é posto na fogueira
1762	Fusée Aublet classifica a seringueira = *hevea brasiliensis*
1763	Livro da Inquisição do Santo Ofício à Inquisição ao Estado do Grão-Pará (1763-1769); supressão da Companhia de Jesus
1765	Pombal cria a Companhia de Comércio do Pará e do Maranhão
1771	Antônio José Landi, modelador da cidade de Belém
1774	Fim do Estado do Maranhão e Grão-Pará — reintegrado ao Brasil; viagem do ouvidor Francisco Xavier Ribeiro de Sampaio pela capitania de São José do Rio Negro
1776	Fundado o Forte Príncipe da Beira por Luís Cáceres
1782	Manaus: início da construção da nova Igreja de Nossa Senhora da Conceição por Loba d'Almada; nascimento do Padre João Batista Campos, líder intelectual da Cabanagem
1783	Viagem filosófica de Alexandre Rodrigues Ferreira; Dom Frei Caetano Brandão, sexto bispo do Pará, até 1789; têm início as visitas pastorais
1786	Início da construção da futura catedral de Manaus
1791	A sede da Capitania do Rio Negro é transferida para Manaus = Barra
1798	Em 12 de maio, Carta Régia dando as novas bases da política indigenista oficial abolindo o diretório *Integrar os índios à sociedade colonial*
1799	Em 19 de janeiro, circular do governador do Pará distribuindo as gentes das povoações para os serviços oficiais e de particulares
1801	Tratado de Badajoz: Espanha renuncia aos Sete Povos das Missões; restabelecimento do Tratado de Madri
1806	Crise econômica no Grão-Pará e no Rio Negro
1808	Chegada da Família Real Portuguesa ao Brasil; Manaus capital da Capitania

Data	Eventos sociais, políticos e econômicos na Amazônia
1818	O governador da Capitania de São José do Rio Negro criou um imposto obrigatório a todos os moradores, para a construção da ermida de Nossa Senhora dos Remédios
1821	Dom Romualdo de Sousa Coelho, oitavo bispo do Pará (até 1841); deputado às Cortes de Lisboa pelo Pará; catequese; visitas pelo interior
1822	Independência do Brasil
1823	Em 14 de abril, rebelião de setores nativistas; deportação do Cônego Batista Campos; atrocidades de Grenfell no Pará; em 10 de agosto, anúncio da Independência do Brasil em Belém; em 9 de novembro, anúncio da Independência no Rio Negro
1827	Primeiro registro de exportação de borracha brasileira
1832	Em 12 de abril. revolta em Manaus: ensaio geral da Cabanagem contra a permanência da situação colonial e da opressão; articulação ativa de Inácio Guilherme da Costa, mercedário, e dos carmelitas Joaquim de Santa Luzia e José dos Santos Inocentes; é criada a Vila da Barra
1833	Governo de Bernardo Lobo de Souza; perseguição à Igreja Católica; criada a Comarca do Alto Amazonas, com sede em Manaus
1834	Batista Campos retira-se para Cametá, depois, foge para o mato, onde morre, em 31 de dezembro, em Barcarena; Antônio Vinagre ataca um magote de soldado no Rio Acará, desponta também Eduardo Nogueira Angelim
1835	No dia 1º de julho, Antônio Vinagre entra em Belém; morre Lobo de Souza; em 14 de agosto, os cabanos assaltam Belém; Angelim torna-se presidente
1836	Em 6 de março, os cabanos, liderados por Apolinário Maparajuba e Bernardino Sena, entram em Manaus
1838	Soares de Andrea, presidente da Província do Pará
1839	Bernardo de Souza Franco, presidente da Província do Pará; em novembro, anistia para os cabanos; processo de vulcanização da borracha nos EEUU (C. Goodyear)
1843	Chega a Manaus o primeiro navio a vapor — o *Guapiaçu*

Data	Eventos sociais, políticos e econômicos na Amazônia
1844	Dom José Afonso de Morais Torres, lazarista, bispo do Pará até 1859, afirma que encontrou uma diocese devastada, dividida.
1845	Em 24 de junho, reorganização do serviço de pacificação dos indígenas com a ajuda de missionários católicos.
1850	Criação da Província do Amazonas.
1852	Tenreiro Aranha, presidente da província do Amazonas; início do funcionamento da Companhia de Navegação e Comércio do Amazonas.
1866	Abertura do Rio Amazonas à navegação internacional; fundação do Museu Paraense, depois, Goeldi.
1867	Inauguração do monumento comemorativo da Abertura dos Rios, substituído em 1900 pelo atual, de mármore, granito, bronze, vindo da Itália; Tratado de Ayacucho Brasil-Bolívia.
1870	Retorno dos franciscanos na Amazônia; capuchinhos italianos.
1872	Prisão de Dom Macedo Costa.
1873	Construção da Igreja dos Remédios, em Manaus.
1876	Henry Wickham leva sementes de Hevea para Londres.
1882	Criada a Sociedade Libertadora dos Escravos.
1889	Proclamação da República; criação da Casa J.C. Arana, caucheiro peruano.
1896	Inauguração do Teatro Amazonas, com material importado da Europa; Luiz Galvez proclama a Independência do Acre.
1902	Construção do porto flutuante de Manaus pelos ingleses.
1903	Tratado de Petrópolis Brasil/Bolívia
1909	Tratado do Rio de Janeiro Brasil/Peru
1912	Auge da exportação da borracha = 42 mil toneladas.
1913	Perda do mercado mundial da borracha para a Ásia; conclusão da Estrada de Ferro Madeira-Mamoré.
1953	Superintendência do Plano de Valorização da Amazônia (SPEVEA)
1959	Início da produção da cassiterita em Rondônia.

Data	Eventos sociais, políticos e econômicos na Amazônia
1960	BR-364 Cuiabá-Porto Velho — Inauguração de Brasília
1966	SUDAM
1967	SUFRAMA — Distrito Industrial; encontrado ferro na Serra dos Carajás
1968	Massacre da expedição do Padre Calleri no projeto de construção da BR-174.
1970	Início da construção da Transamazônica; PIN.
1972	Fundação do CIMI.
1974	Inauguração da Rodovia Transamazônica.
1975	Estrada Manaus-Boa Vista — Fundação da CPT.
1976	Inauguração da BR-391 Álvaro Maia, ligando Manaus a Porto Velho.
1985	Assassinato do Padre Ezequiel Ramin (em Rondônia) e da Irmã Cleusa Coelho em Lábrea (Amazonas).
1986	Pronunciamento: *A Igreja frente ao Projeto Calha Norte*. 1987 21ª AR
1988	Inauguração da Hidrelétrica de Balbina; Nova Constituição brasileira; assassinato do ambientalista Francisco Mendes, em Xapuri, Acre.
1998	Pavimentação da BR-174 Manaus-Boa Vista.
1999	Início da construção do Terminal da Cargill, em Santarém, Pará. *Helping the world thrive!!!*
2005	Assassinato da ambientalista Irmã Dorothy Mae Stang, em Anapu, no Pará.
2008	Início das obras das Usinas Hidrelétricas de Santo Antônio e Jirau, no Rio Madeira.
2009	O STF confirma a homologação contínua da Reserva Raposa — Serra do Sol, em Roraima.
2011	Início das obras da Usina Hidrelétrica de Belo Monte no Rio Xingu.
2014	Fundação da REPAM: Rede Eclesial Pan-Amazônica. Inauguração da ponte sobre o Rio Madeira em Porto Velho e início de outra sobre o Rio Madeira ligando Rondônia ao Acre.

Data	Eventos sociais, políticos e econômicos na Amazônia
2019	Políticas governamentais de saque à Amazônia; ouvidos fechados aos apelos dos cientistas; realização, em Roma, do Sínodo da Amazônia.
2020	Expansão pela Amazônia da Covid-19; colapso total na saúde.

Percebe-se o tanto de idas e vindas nas relações conflituosas com os povos amazônicos. Havia uma tensão contínua entre as forças políticas, econômicas e militares, de um lado, e as comunidades nativas, os pequenos proprietários e os escravizados, de outro. Nesse meio, movia-se a Igreja, também numa permanente tensão entre os apelos evangélicos, proféticos e a resposta aos impositivos do aparato colonizador. A Cabanagem foi um marco histórico importante na região, pois apontava para uma sociedade com mais justiça social, um governo mais democrático/popular e o reconhecimento de uma sociedade pluricultural.

No entanto, no dia a dia, os cidadãos simples continuam sendo humilhados, pois a cada momento circulam por ruas, avenidas e praças que lembram os nomes das elites, dos opressores. Celebram feriados que homenageiam os heróis da burguesia, enquanto os fatos e as lideranças, como Ajuricaba, Frei Caneca, Gabriel Malagrida, Zumbi, os líderes cabanos, as façanhas populares, como Cabanagem, Balaiada, não têm lugar na história e nas vias urbanas. São uma lembrança "perigosa", que incomoda.

III
A violência contra a cultura originária

O bioma amazônico é uma imensa área do planeta Terra e tem grande responsabilidade pelo equilíbrio dessa parte do Universo. Desde que foi conhecido pelo ser humano, tornou-se objeto tanto de pequenas como de grandes intervenções para acomodar o novo habitante. Nos primeiros milhares de anos, houve harmonia entre os diferentes *modus vivendi* dos seres que habitaram suas terras e suas águas. Tinham seus sistemas de sobrevivência, de relacionamentos, de defesa, de plantio, de geração de alimentos, de conceber o Universo e sua relação com um ser supremo.

Decorridos esses inúmeros milhares de anos, surgiram outros habitantes que também se fascinaram com o bioma. Também tinham seus sistemas de sobrevivência, de relacionamentos... Como possuíam armas mais poderosas de ataque e defesa, e eram portadores de terríveis doenças, e porque falavam outra língua, porque cobriam seus corpos com roupas e acreditavam em Deus, se consideraram superiores e detentores do direito de subjugar outros povos com características distintas, conforme o paradigma daqueles tempos.

O que os arrivistas não tinham e os faziam depender dos nativos era: conhecimento da região; poder e estratégias de locomoção pelo intrincado de rios, lagos, paranás, furos, igarapés e igapós; a sabedoria sobre as ervas medicinais, os recursos da natureza, a utilidade das espécies vegetais e da fauna; a cultura do ócio, da festa, do trabalho como prazer; a sobriedade de vida; a intimidade com o meio ambiente; a força de trabalho comunitário.

Dentro da estratégia lusitana e castelhana (ibérica) de globalização, de controle das fontes de riqueza (ouro, prata, produtos tropicais, especiarias etc.), era de suma importância a ocupação e a defesa dos espaços, sobretudo dos novos espaços geográficos. Num primeiro momento, as nações europeias mais afoitas foram os reinos da Península Ibérica: Portugal e Espanha. Numa época de fausto das cortes, era importante ter "filões de outro", para sustentar a vida perdulária daqueles nababos encastelados.

Apesar de serem reinos muito cristãos, não ignoraram o uso da força para ampliar seus domínios nas outras terras que iam descobrindo. Tudo ficou mais ou menos acomodado depois dos Tratados de Demarcação e de Tordesilhas (1494). Mas veio a vacância no reino de Portugal, e o rei espanhol tornou-se também o rei de Portugal, originando a União Ibérica (1580-1640). Durante esses sessenta anos, os portugueses avançaram muito acima pelo Amazonas e Solimões à sombra daquela união.

Fazendo caminho inverso ao de Francisco Orellana (Pacífico-Atlântico, 1540), Pedro Teixeira (Atlântico-Pacífico, 1637) subiu o Amazonas, o Solimões, o Napo e o Aguarico, até atingir

Quito. Esses primeiros devassamentos começaram a demonstrar aos povos nativos o viés bárbaro da civilização que chegava. Politicamente, Portugal se impunha na região, pois Teixeira decretou um padrão de posse na Foz do Aguarico. Para esses empreendimentos, os expedicionários se serviram da mão de obra autóctone e de seus recursos alimentícios. Portugal logo viu a importância dos rios para essa região, então, o Amazonas foi considerado a *Estrada Real*.

Assim, quando terminou a União Ibérica (1640), a Espanha deu-se conta do estrago feito pelos lusitanos. O argumento *uti possidetis iuris (uti possidetis, ita possideatis)* foi bastante utilizado por Portugal para defender os espaços até onde chegara. Para manter o que considerava território seu, Portugal se utilizou de muitas estratégias, comuns também aos outros impérios. Vejamos a seguir algumas delas.

— *Construção de fortes ao longo da fronteira* (ainda imprecisa) Norte e Oeste, como o Presépio (Belém), São José de Macapá, São Joaquim de Marabitanas, São Francisco Xavier, no Alto Solimões, Príncipe da Beira, no Guaporé, entre outros. Isso inibia a cobiça pelas riquezas da região por parte de ingleses, franceses, holandeses e espanhóis.

— *Casamento de mulheres nativas com soldados lusitanos*, garantindo, assim, a ocupação do espaço geográfico. Com essa estratégia, favorecia-se o surgimento da incipiente malha urbana da Amazônia e se tentava garantir o sustento com o início rudimentar da agricultura. Do mesmo modo, seria um argumento forte, mais tarde, a favor de Portugal no estabelecimento das fronteiras (*uti possidetis*).

— *Estabelecimento de missões*. As missões religiosas tiveram um primeiro período profético, uma vez que não tinham tanta vinculação com o modelo colonizador. No entanto, logo tiveram de se alinhar à metrópole com a sua meta de *dilatar a fé e o Império*. Para dirimir as desavenças entre os grupos que se estabeleciam ao longo da calha do Amazonas e de seus afluentes, a Coroa Portuguesa organizou o território missionário[1]. Assim, coube aos jesuítas a banda Sul do Amazonas e seus grandes afluentes; aos mercedários, a região do Rio Urubu; aos carmelitas, o Rio Negro e Solimões; aos capuchinhos e franciscanos de diferentes províncias portuguesas, o Cabo Norte e a banda setentrional do Baixo Amazonas. Todas as missões poderiam ter casas de apoio em Belém.

— *Vigilância dos portos*, visando controlar o trânsito de pessoas. Os séculos XVII e XVIII ainda estavam tomados pelas disputas religiosas entre os impérios católicos e protestantes. Não se concebia dois credos dentro de um mesmo espaço geográfico. Era necessário vigiar os portos dos rios amazônicos para impedir a entrada de hereges, sobretudo holandeses e ingleses. O porte da Bíblia já era um sinal da presença de algum protestante!

— *Criação do Estado do Grão-Pará e Maranhão*, desvinculado do Estado do Brasil. No Norte, o centro político foi São Luís do Maranhão e, depois, Belém, que despontou como uma

---

1. REIS, ARTHUR C. F., *A conquista espiritual da Amazônia*, São Paulo, Escolas Profissionais Salesianas, 1942.

grande praça arquitetônica[2], administrativa e comercial. Essa região só se integrou realmente ao Brasil depois da Cabanagem (1835-1840)[3].

— *Submissão dos nativos*, considerados bárbaros. Por diversos motivos, a escravização dos negros foi pouco significativa para a economia na região Norte. Entretanto, o sistema utilizou-se em larga escala da mão de obra local, representada por centenas de nações nativas. Os nativos foram tratados como povos bárbaros, sem história, pagãos, forçados a ser súditos do rei. Isso os obrigava a se tornar cristãos, aprender o idioma português, morar em povoados e/ou vilas com arquitetura europeia e, no cotidiano, se utilizar dos costumes e das etiquetas dos *civilizados*.

— *Monopólio do comércio*. As missões religiosas recebiam recursos da Coroa Portuguesa, mas, claro, minguados pela extensão da obra missionária. Então, criaram fazendas, engenhos e extração dos produtos da natureza. Os jesuítas obtiveram bom resultado, como, por exemplo, no comércio do cacau. Na época do Marquês de Pombal — Sebastião José de Carvalho e Melo —, entendeu-se que os religiosos faziam concorrência prejudicial aos negócios da Coroa. Pombal fundou a *Companhia Geral do Comércio do Grão-Pará e Maranhão*[4], em 1755, de

---

2. TOCANTINS, LEANDRO, *Santa Maria de Belém do Grão-Pará*, Rio de Janeiro, Civilização Brasileira/ Brasília, INL, 1976.

3. RAYOL, DOMINGOS A., *Motins Políticos*, Belém, Universidade Federal do Pará, 1970.

4. DIAS, MANOEL NUNES, *A Companhia Geral do Comércio do Grão-Pará e Maranhão*, UFP, 1970.

caráter monopolista. Visava, sobretudo, à introdução de escravos africanos no Grão-Pará e no Maranhão.

Os colonos encontravam braços servis e/ou escravos entre os numerosos grupos nativos da Amazônia que ali viviam havia milhares de anos. Esses nativos estavam organizados em sociedades agrícolas e, sobretudo, coletoras. Havia multiplicidade de línguas, mas, depois de um determinado tempo, todos passaram a compreender o nheengatu, a língua geral introduzida a partir do final dos anos 1600. Da época do Marquês de Pombal em diante, tornou-se obrigatória a fala da língua portuguesa. Mas a toponímia já estava marcada pelas línguas locais. O estranho é que, hoje em dia, nas escolas e universidades, se estudam as raízes grega e latina, e não se contempla o estudo das raízes tupi e outros grupos linguísticos nativos!

Os portugueses faziam de tudo para conseguir braço servil/escravo nativo. Sempre esbarravam nas leis metropolitanas e nas encíclicas papais[5], que determinavam a proibição da escravização dos nativos. Para eles, era um absurdo o fato de os silvícolas viverem esparsos pelas matas, pelos rios e igarapés. Era importante urbanizá-los, dar-lhes feições de súditos do rei e transformá-los em trabalhadores no interior do projeto colonizador. Gabriel Malagrida[6] chegou à região animado para

---

5. 1537 — Encíclica do Papa Paulo II sobre as missões com os nativos. 1740 — Breve do Papa Clemente XIV *Immensa Pastorum* condenando a escravidão dos povos originários.

6. Jesuíta de origem italiana. Cf. o documentário *Malagrida*, Andrea Fenzl e Renato Barbieri, São Paulo, 2001.

trabalhar com os nativos. No entanto, quando percebeu que o resultado de seu trabalho favorecia a escravização dos neófitos pelos portugueses, abandonou seu ofício, pois preferia que eles vivessem felizes nos recônditos das matas e nas praias, ou nos estirões dos rios, a facilitar sua degradante submissão ao colonialismo.

Os nativos se defenderam com seu arsenal bélico artesanal; fugiram mais para o interior, longe das margens dos grandes rios. Houve resistências e denúncias, quando possível. Só bem mais tarde, se articularam em associações, movimentos, povos ressurgidos. Os colonizadores entendiam que a defesa dos nativos era obstinação, profanação da religião, ofensa à civilização europeia. Os europeus vinham com essa cosmovisão. Para eles, os ameríndios não tinham nada que se assemelhasse à sua cultura; sem organização social, sem lei, com governo despótico, não tinham moral. Portanto, era necessário organizar socialmente o espaço: *civilizar*. Isso significava: tirá-los do mato (descimentos), casas unifamiliares, para o ordenamento habitacional; dos plantios e dos chefes para a aprendizagem compulsória dos elementos da cultura branca.

Isso tudo em vista do insaciável apetite da nova área periférica do sistema capitalista mundial. Os servis e escravos do outro Estado colonial chamado Brasil forneciam o ouro, o diamante, o açúcar para a metrópole. A Amazônia (Maranhão, depois Grão-Pará, criado em 1621) devia fornecer as especiarias, os produtos exóticos da zona tropical, talvez, o sonhado *Eldorado*. A extensa área dessa nova administração tinha uma população muito rarefeita, constituída em sua maioria por nações nativas. Era uma maioria marginalizada, formada por nativos, negros, pobres, quilombolas, escravos. Quando triunfaram na Cabanagem[7] (movimento de reivindicações nas décadas de 1830-1840), eles insistiram em reformas profundas: reforma agrária, abolição da escravatura, governo mais socializado. Era uma proposta por demais avançada para medrar, então, foi aniquilada pelas forças imperiais. A maioria dos habitantes do Estado era composta de tapuios, negros e nativos. Numa população de cerca de 120 mil habitantes, que tinha o Grão-Pará, somente cerca de 15 mil indivíduos eram de raça branca, sendo os outros 33 mil nativos, 30 mil negros, 42 mil mestiços, aproximadamente.

---

7. RAYOL, D. A., op. cit.

IV
A violência contra o bioma
e a identidade amazônica

Nos meios de comunicação, a Amazônia ganhou destaque nos últimos tempos, infelizmente, nem sempre por um motivo bonito, esperançoso, portador de sinais de vida. As marcas de morte rondam e se infiltram nesse imenso espaço de milhões de quilômetros quadrados que abarca a América do Sul. A maior parte dessa área encontra-se dentro do território brasileiro.

São inúmeras as instituições preocupadas com o trato que a Amazônia vem recebendo. Em se tratando de uma zona de clima tropical, úmido, com densa cobertura vegetal, drenada por uma infinidade de rios caudalosos e de igarapés, das peculiaridades de seu solo... os arautos do desenvolvimento, do progresso, da civilização querem dar a ela o mesmo trato que é dado a regiões de clima temperado, mediterrâneo. E persiste a mesma preocupação dos séculos XVI e XVII, quando se achava que a região deveria ter posse garantida por um denso assentamento demográfico com traços culturais europeus. Daí a política de casamentos, de aldeamentos, da imposição da língua portuguesa etc. Essa postura garantiu a Portugal, junto à força das armas, da violência, a posse dos dilatados territórios amazônicos. Hoje, essa preocupação persiste. Pensa-se que a Amazônia é capaz de suportar um grande contingente populacional. E continuam os chamarizes a fim de que, em sendo habitada, *desenvolvida*, não há motivos de ela ser reclamada por outras potências. A Amazônia participa da vida do Planeta sem ser necessário que seja ocupada pelo ser humano, altamente predador. O seu oxigênio é condição de vida para todo terráqueo. E, nesse sentido, todos os povos, todas as nações têm direito de reclamar vida para a Amazônia.

Hileia Amazônica. A relação do ser humano com o quadro natural da *hileia amazônica* foi conflituosa desde o primeiro contato, ocorrido há centenas de anos. Uma boa parte dos grandes rios amazônicos, como o Amazonas, o Purus, o Juruá, o Madeira, o Içá, o Japurá, o Negro, e muitos de seus afluentes e confluentes têm suas nascentes fora do Brasil. Aqui reside a fragilidade de uma política brasileira no trato com as questões ambientais na região.

Esse imenso território — chamado amazônico a partir de 1500 — tem uma cobertura vegetal predominantemente florestal. Trata-se da "hileia amazônica"[1] de Humboldt-Bonpland. É floresta densa, de árvores grandiosas como a sumaúma e a castanheira, emoldurada por cipós, epífitas, helicônias,

---

1. Cf. CRULS, GASTÃO, *Hiléia Amazônica*, (Brasiliana vol. 6), São Paulo, Nacional, 1955.

samambaias etc. Ela está presente na bacia de quase todos os rios amazônicos.

Mas Amazônia não é só floresta alta, densa e em terreno plano. Existem extensões de vegetação de várzea que ocupam boa parte de terrenos mais baixos ao longo dos rios onde predomina uma vegetação mais hidrófila e de porte menor.

A Amazônia abriga também uma grande porção de cerrado, que é cenário típico do Planalto Central brasileiro. Essa paisagem penetra pelo Sul de Rondônia, pelo Sul do Mato Grosso, por Goiás, Tocantins e pelo Pará. Predominam árvores de pequeno porte, muitas vezes, retorcidas e de casca grossa, capões e campos. Essa vegetação também está presente na Bolívia e se estende até além de Sant'Ana de Yacuma.

Na parte Norte do Brasil, notadamente em Roraima, surge outra paisagem amazônica, denominada lavrado. São imensidões de campos naturais, salpicados de palmeiras, lagos e morros. O lavrado é drenado, sobretudo, pelo Rio Branco e seus tributários.

Na margem meridional da calha amazônica, há manchas de campos naturais entre os rios Madeira e Purus e na mesopotâmia Tapajós-Tocantins.

Já nos limites brasileiros com os países vizinhos, a Amazônia é tomada por montanhas, e a floresta, denominada "*jungla*", está presente até em grandes altitudes. Desde a Bolívia até as Guianas, é essa a paisagem predominante. Nos limites com a Venezuela, vamos encontrar os elevados de Imeri, Pacaraima, Parima... vertendo para o lado brasileiro no lavrado e no lado da Venezuela na Gran Sabana. Tudo isso torna a Amazônia um dos mais ricos biomas do planeta Terra.

O avaro mercado da madeira encontra campo fértil para seu repasto na Amazônia. Nenhuma medida, sem os correlatos castigos, consegue deter o avanço do desmatamento, seja para aproveitar os toros ditos de madeira nobre, seja para abrir espaço para o quadrúpede branco de ponta do rabo preta; seja para reflorestar (imagine!!!) com *árvores civilizadas*, como a cássia e o eucalipto, como se observa nos limites entre Rondônia e Amazonas e em Roraima; seja para usar o solo para a famosa *shoyu* japonesa, das mais apreciadas *commodities*. Em tudo isso há muito fogo que obnubila os céus da América do Sul durante vários meses no ano.

Se os governos e as comunidades dos países vizinhos não tomarem medidas para proteger a sua parte amazônica, grande parte do esforço das comunidades brasileiras e dos governos será infrutífera. Daí a importância de políticas panamazônicas, macroamazônicas, capazes de encaminhar soluções a problemas para toda a região, além, é claro, de esforços mais localizados.

No entanto, para isso, é necessário haver uma educação do ser humano na relação com o quadro natural. É mentalidade corrente na região que a Amazônia existe para ser saqueada, vencida, enfrentada. Como se a flora, a fauna e todos os elementos da natureza fossem inimigos dos humanos; como se fossem uma ameaça às pessoas, obstáculos à sua fixação.

A civilização ocidental ainda não encontrou um *modus vivendi* na Amazônia e destruiu aquele que as comunidades nativas já tinham milenarmente descoberto e inteligentemente incorporado à sua cultura. Essa mesma civilização violentou e ainda violenta a região, impondo um regime importado, alienígena, estranho ao meio ambiente.

A floresta é vista como inimiga do ser humano. Os animais também são vistos como perigosos. Por isso, é mentalidade comum, ao se avistar um pássaro, um peixe, um animal, pensar logo em uma arma, em uma panela, em uma gaiola. É um olhar e uma cultura de morte.

Num livro que trata da região amazônica, lemos na dedicatória "...a todos os empenhados em vencer uma das mais soberbas manifestações da natureza na face da terra: a AMAZÔNIA". Trata-se de a civilização mostrar à Amazônia a sua superioridade, por isso a relação nestes pouco mais de quinhentos anos foi de guerra, pois é preciso VENCER. Quando os *civilizados* chegam à Amazônia e se deparam com a exuberância do meio natural, exclamam: *nossa... aqui está tudo por fazer*. Se esquecem de que tudo está bem-feito, e o que fazem é desfazer.

Não é raro ouvir do pequeno sitiante, assim como do grande fazendeiro, fixado na região, reclamações que refletem o incômodo que sentem com os macacos ou as araras que comem o milho e as frutas dos pomares; reclamam que as onças atacam os bezerros, que os insetos destroem as hortas etc. A questão é: quem invadiu o território de quem? Quem interferiu no equilíbrio ambiental a ponto de obrigar animais, aves e insetos a buscar alimento fora de seu ambiente? A resposta, tanto do pequeno como do grande, é a morte a esses inimigos. E os meios são os mais diabólicos que a civilização inventou: arma de fogo, armadilhas e todos os "cidas" criados: biocida, pesticida, herbicida, germicida, zoocida, ictiocida, arboricida[2].

A floresta amazônica — hileia amazônica — não é a única no planeta a representar uma importância fundamental para o seu equilíbrio. A ela se soma o grande bosque do Congo, na África, na região subsaariana, que está igualmente sendo devastado por meio da exploração dos seus recursos naturais florestais e minerais. Por detrás de uma atividade predadora realizada pelos pobres estão as grandes potências insaciáveis à procura de matérias-primas. E essa floresta representa cerca de 70% da vegetação do continente africano.

Outras florestas de suma importância para os seres viventes do planeta azul são a *Daintree*, na Austrália — talvez esta seja a mais antiga floresta do mundo —, e a *Sundarbans*, que cobre boa parte das terras da Índia e de Bangladesh — esta sofre imensa pressão da expansão demográfica. Podemos citar ainda a *Taiga*, no Hemisfério Norte, a maior floresta do planeta, constituída especialmente por coníferas. Em 2020, ocorreu um incêndio de proporções catastróficas na Sibéria russa que ocasionou estragos infinitos ao meio ambiente.

Essas florestas são a garantia de sobrevivência da vida no planeta Terra. Constituem o maior consórcio natural do planeta: água e vegetação; azul e verde. Sem um elemento, o outro não existe. Elas cuidam das criaturas da fauna e da flora;

---

2. *Arboricídio* é o nome de um poema de Álvaro Maia, publicado em *Buzina dos paranás*, Manaus, Sergio Cardoso, 1958, 129.

muitas, endêmicas. O antropocentrismo, ainda profundamente enraizado na cultura (ocidental), se considera o centro do Universo, o todo-poderoso, o guardião de tudo. Para a sobrevivência do planeta, é urgente mergulhar numa nova visão: o cosmocentrismo. Dessa postura decorre mais humildade do todo prepotente *homo sapiens* e maior fraternidade entre todos os seres vivos e as estruturas que os sustentam.

A Amazônia é reflexo de todas essas tensões. Só quem tem profundo contato com esse meio ambiente pode descobrir todas as suas riquezas, suas fragilidades e os seus sofrimentos. Os arrivistas não se questionam a respeito desses temas. Suas preocupações são: por quanto poderei vender a madeira dessa árvore? O couro ou a pele deste animal pode render tanto! Essa flor, dado um trato genético, poderia estar nas estantes de qualquer floricultura! Esse pássaro com este canto maravilhoso, numa gaiola, deve ter um bom preço! Esse rio, barrado aqui, pode produzir tantos quilowatts (kW) de potência! E por aí vai o imaginário mercantilista do turbinado capitalista. Esse raciocínio materialista gerou um batalhão de *sapiens* capazes de, em pouco tempo, destruir o que um conjunto de comunidades nativas protegeu por milhares de anos. São os *Brutus, Larapius, Intrusus, Matatudo, Rompetudo* e seus associados[3]. Por conta da

---

3. FERRARINI, S. A., *Amazônia. Manual para as futuras gerações*, Porto Velho, 2011; *Sapiens, o humanizador. Luz vermelha no Planeta Azul*, Florianópolis, Ed. do Autor, 2016; *Natureza viva. Histórias de bichos e plantas da Amazônia*, Porto Velho, 2015; *Cenários Amazônicos*, Porto Alegre, CMC, 2006.

falácia de que a Amazônia deve alimentar o mundo, introduziram, entre outras culturas, a *Glycine max*, planta da família das fabáceas.

O Brasil, bem como as outras oito unidades políticas que compõem o bioma amazônico, tem algo muito mais importante para dar vida aos habitantes do nosso planeta: oxigênio. Mais importante do que milhões de toneladas de soja é o oxigênio, pois sem ele ninguém pode sobreviver. É uma falácia o bordão de que o Brasil deve alimentar o mundo. Nem todos sabem a que preço muitos dos alimentos são produzidos — com a destruição do meio ambiente pelo latifúndio monocultor e com o uso de venenos, inclusive os que estão há muito tempo proibidos em muitos países. Ademais, inúmeras pesquisas e teses já mostraram que no mundo se perde mais de 30% do que é produzido. A floresta em pé é uma grande indústria natural daquilo que os seres vivos mais necessitam para viver: oxigênio. As algas são outra enorme fonte de oxigênio[4], também ameaçadas pela poluição das águas. As florestas, a vegetação, existem há milhões de anos e podem viver sem o ser humano e outros seres, ao passo que a humanidade não pode viver um instante sem a presença da vegetação.

Contudo, para isso, é necessário haver uma educação do ser humano na relação com o quadro natural. É mentalidade corrente na região que a Amazônia está aí para ser saqueada,

---

4. Veja-se, por exemplo, Mutue Toyota Fujii e sua enorme pesquisa nessa área bem como suas publicações.

vencida, enfrentada. Como se a flora, a fauna e todos os elementos da natureza fossem inimigos dos humanos; como se fossem uma ameaça às pessoas, obstáculos à sua fixação. Como se fossem sinais de barbárie, incivilização, atraso. E há os que dizem que ela está sendo explorada há quatrocentos anos e que não acabou. Só que o ritmo da "exploração" até os anos 1970 não eram alarmantes. No entanto, a partir dessa época, a voracidade econômica se multiplicou infinitamente. Meus primeiros sobrevoos sobre a Amazônia foram exatamente nos anos 1970, quando era aprazível lutar para conseguir uma janelinha e estender o olhar sobre o horizonte amazônico. Hoje, já não luto por uma janela, e se nela estou não me apraz olhar para fora!

Isso tudo sem falar dos grandes projetos que abrem chagas imensas, como as rodovias, o garimpo, as pastagens etc. Todas essas áreas, desprovidas de sua cobertura vegetal, são presas fáceis das chuvas torrenciais que acabam levando para o leito dos rios a terra exposta, assoreando-os e prejudicando a vida aquática e a navegação. Em terrenos um pouco mais acidentados, ocupados por pastagens, onde os ruminantes abrem sulcos, durante todo o inverno, descem rios de água escura ou vermelha, conforme o terreno, aumentando as valetas e carregando para igarapés e rios um volume imenso de sedimentos, assoreando e poluindo as águas.

Felizmente, há muitas pessoas, diversos grupos e instituições que não se intimidam diante da falácia dos propugnadores desse progresso que fere e diminui a qualidade de vida. Há exemplos, ainda que tênues, que geram esperança; mesmo sendo frágeis Davis diante de poderosos Golias. No entanto, a vida nasce pequena. É preciso que seja cultivada. A castanheira, a sumaumeira, um dia, foram pequenos germes, mas, depois de anos de luta, tornaram-se monumentos naturais da Amazônia.

A Amazônia é vista sob a óptica do mercado, e esse mercado não está interessado em preservação de identidade natural, pois pode realizar qualquer obra ou manobra, seja na Amazônia, na Ucrânia, na Sibéria, nos polos, nos desertos. O mercado impõe padrões e usa a mídia para convencer os consumidores. O mercado diz à sociedade o que ela deve consumir, e não necessariamente o que lhe fará bem. A propaganda não diz o que é melhor para a pessoa, mas o que é melhor para o mercado (lucro); o que é melhor para quem tem o poder.

A mídia ganha pela sua mediação entre o mercado e o consumidor. Os donos do mercado controlam a mídia. A mídia lança o consumidor vorazmente sobre os produtos camuflados de bens e necessários. Nesse jogo, a aparência é fundamental. Mídia e mercado amordaçam as pessoas e as mantêm cativas pela ilusão das aparências.

A Amazônia é um filão atraente para o mercador, pelas suas potencialidades. Mas o mercado tem uma visão unidirecional: os recursos naturais só valem se forem transformados em mercadoria. Para o mercado, não existe outro valor. Por isso, falar em ecologia, preservação das matas, conservação dos ecossistemas é pura fantasia e... desperdício! O resultado prático dessa mentalidade, num curto prazo, é a progressiva diminuição da qualidade de vida.

Estrada Real. Grande parte do Norte da América do Sul sofreu alterações profundas no decorrer das eras geológicas. Existem teorias que fundem o atual continente sul-americano com a África. Acredita-se também que foi um imenso lago. Quando surgiram os Andes, impressionante cordilheira que se estende de Norte a Sul da América do Sul na parte Oeste, esse imenso lago foi sendo drenado graças à elevação do terreno. Surgiram, então, os rios que desceram dos Andes tomando o rumo leste. Uma grande calha se constituiu dando origem ao Marañon-Solimões-Amazonas, que recebeu os inumeráveis rios que passaram a drenar mais de cinco milhões de quilômetros quadrados[5].

A Amazônia é concebida em íntima relação com o mundo das águas. Nesse bioma, tudo se refere à água[6]. Só ultimamente surgiram algumas cidades distantes da margem de um rio. Assim, na Amazônia, toda cidade e toda comunidade têm o seu rio. No tempo da organização das prelazias e dioceses da Igreja Católica, também cada uma tinha um rio. O rio facilitava e ainda facilita a comunicação, a subsistência, a higiene, o transporte e o lazer.

Sendo vias naturais de acesso ao interior, fontes de alimentação e de lazer, os rios são os lugares em que mais perceptivelmente se vê o desrespeito na relação com a natureza. Os grandes barcos que percorrem as rotas mais movimentadas,

---

5. Cf. MIRANDA, EVARISTO EDUARDO DE, *Quando o Amazonas corria para o Pacífico*, Petrópolis, Vozes, 2007.

6. TOCANTINS, LEANDRO, *O rio comanda a vida*, Rio de Janeiro, A Noite, 1952.

como Manaus-Tabatinga, Porto Velho-Manaus, Belém-Manaus etc., são grandes poluidores dos rios que percorrem essas regiões. Em geral, os proprietários desses barcos colocam cestos de lixo e avisos para que não jogar dejetos no rio. Entretanto, muitos passageiros fazem do leito do rio um grande receptáculo do lixo produzido: sacos plásticos, latas, garrafas, móveis, pneus… Quando as águas baixam, lá estão as margens "emolduradas" com latas, garrafas, plásticos pela praia ou dependurados na vegetação (canarana, oirana…) que se debruça sobre as águas.

Os rios têm características próprias. Alguns são totalmente navegáveis, como o Juruá, o Purus, o Amazonas e o Solimões. Outros grandes rios têm partes encachoeiradas que impedem a navegação, como o Madeira, o Negro, o Branco, o Tapajós, o Trombetas e o Xingu. Conforme o terreno por onde passam, as águas também têm coloração diferente — há os rios de "água branca", como o Purus, o Amazonas, o Madeira, o Javari; os rios de "água preta", como o Tapauá e o Negro; de "águas esverdeadas", como o Tapajós, por exemplo. Quando um rio se encontra com outro de tonalidade de água diferente, ocorre o que se denomina "encontro das águas". Os mais famosos encontros das águas são do Negro com o Solimões e do Tapajós com o Amazonas, mas existem dezenas de outros, como o encontro das águas do Guaporé com o Mamoré, do Cuniuá/Tapauá com o Purus etc. A quebrada *Kaku Paru*, na vertente ocidental do Roraima, apresenta outro fenômeno maravilhoso da natureza[7].

---

7. FERRARINI, S. A., *Sapiens, o humanizador. Luz vermelha no Planeta Azul*, Florianópolis: Ed. do Autor, 2016.

Muitos rios ainda não têm seu perfil de equilíbrio e vagueiam pela planície executando numerosíssimos meandros, como o Juruá e o Purus. Quando a estreita faixa de terra que separa uma curva da outra (meandro) é rompida, o rio "endireita" um pouco o seu leito e a parte abandonada gera um lago em forma de "saco", que é denominado, na Amazônia, de "sacado". São verdadeiros viveiros ou *habitats* de inúmeras espécies de peixes[8]. Vi uma grande embarcação de ferro, encalhada nos inícios de 1900, em um desses trechos fluviais rompidos, na localidade de Jurucuá, no médio Rio Purus.

O mundo das águas na Amazônia não se restringe somente aos rios. Os rios caudalosos têm muitos afluentes, e esses, seus confluentes. Os rios de menor volume de água são chamados de igarapés. Às vezes, há um canal que liga um rio a outro, o que é denominado paraná, como o Paraná de Ramos, que liga o Rio Madeira ao Rio Amazonas e dá origem à Ilha de Tupinambarana, e o Auati-Paraná que liga o Japurá ao Solimões. Um braço que sai de um rio e deságua mais adiante no mesmo rio denomina-se furo, como, no Purus, o Furo do Curacurá de Baixo e o Furo do Curacurá de Cima. No inverno (época de chuvas), os rios transbordam e invadem a floresta, criando a paisagem dos igapós — soturnos, misteriosos! É um tempo favorável à dispersão dos peixes, que se alimentam dos frutos que caem das árvores. Eles ficam muito gordos, *reimosos*,

---

[8]. Euclides da Cunha comenta bem esses fenômenos em sua obra *Um paraíso perdido*. Cf. FERRARINI, S. A., *Rio Purus. História, Cultura, Ecologia*, São Paulo, FTD, 2009.

na linguagem local. A Amazônia é povoada de milhares de lagos que abrigam uma rica fauna lacustre, como na mesopotâmia Japurá-Manacapuru, e entre o Amazonas e o Madeira, na região de Autazes. Algumas comunidades se unem para proteger esses lagos, permitindo, assim, a reprodução e o abastecimento.

O mundo aquático na Amazônia abriga e oculta incontáveis espécies de peixes, quelônios, ninfeias... A cada ano, são descobertas novas espécies.

Temos ainda as "águas de cima, aéreas ou voadoras", que são correntes de ar que carregam grande umidade da Amazônia para o restante do Brasil graças às árvores de grande porte que podem "transpirar" uma enorme quantidade de água por dia. Essas árvores despejam também suas águas benfazejas sobre o grande latifúndio monocultor, inimigo de uma Amazônia preservada e produtora de água e de oxigênio de que ele necessita.

Barcos pesqueiros visitam regularmente o mundo das águas amazônicas para capturar peixes. Com suas redes enormes, provocam um grande estrago na fauna aquática, empobrecendo, aos poucos, esse rico ecossistema. O mesmo se pode dizer de algumas formas de capturar os peixes, como o uso de explosivos, que destroem terrivelmente o ambiente. O Rio Amazonas, por sua magnitude, fascinou tanto os primeiros exploradores que o denominaram *Estrada Real*.

Um paraíso encontrado. Acredita-se que a Amazônia tenha sido povoada há mais de dez mil anos. De onde vieram, como vieram, que lugares foram ocupados a princípio são temas ainda em discussão. O fato é que, no decorrer desse período, as comunidades foram se estabelecendo, se organizando e se adaptando ao meio físico, o que resultou em uma rica presença cultural neste continente. É desse memorável tempo a história da humanidade nessa região. Esse fato tornou-se um mito quando chegaram os colonizadores. Foi dito que com eles teve início a história do continente.

As áreas que vão desde onde hoje é a Bolívia até a Colômbia tiveram uma grande influência da cultura inca. Essa civilização, em grande expansão à época da chegada dos colonizadores, foi em poucas décadas reduzida a ruínas. Por conta da volúpia pelo ouro[9], os ibéricos infligiram incríveis sofrimentos a esse povo. De sua cultura, podemos admirar, hoje, Machu Picchu, suas estradas, por onde circularam as mercadorias e o correio, seu sistema agrícola etc. Nas minas de prata de Potosí e em tantos outros lugares onde o conquistador encontrou fontes econômicas, reduziu-se a civilização nativa à escravatura. Foi nas Américas, sobretudo na América do Sul, que ocorreram os maiores genocídios da história da humanidade.

Inúmeros sambaquis e outros vestígios da presença humana foram encontrados no vale amazônico, atestando uma sociedade agrícola, coletora e pescadora. A cultura marajoara é o símbolo da avançada cultura[10] desses povos do mundo das águas.

---

9. GUTIÉRREZ, GUSTAVO, *Deus ou o ouro nas Índias*, São Paulo, Paulinas, 1993.

10. RIBEIRO, D.; RIBEIRO B., *A arte plumária dos índios Kaapor*, Rio de Janeiro, Civilização Brasileira, 1957.

O sistema colonizador tinha como estratégia garantir a posse da terra por meio da ocupação humana[11]. Os nativos não eram garantia suficiente. Por outro lado, os contingentes metropolitanos eram exíguos. Foram-se organizando, de maneira forçada, comunidades (povoados) em pontos estratégicos.

Mais recentemente, alguns governos executaram migrações induzidas para a Amazônia que geraram grande prejuízo para essas vagas migratórias, para as comunidades nativas e para o meio ambiente. Ainda hoje, há políticas que induzem a ocupação desenfreada e aleatória da região. Uma população muito extensa requer uma grande quantidade de alimentos. Para produzir alimentos, é necessário haver muitas áreas cultivadas. Os solos amazônicos são propícios a isso? Não teria a Amazônia uma identidade e uma missão específica no conjunto do planeta Terra? Ela pode, sim, produzir muito oxigênio, umidade, elementos vitais para a vida no planeta, mas não é um cenário para grandes adensamentos populacionais.

Como instrumento de poder, dominação e opressão, raramente como humanização e cultura, a "civilização" se utilizou do aparato militar para subjugar os povos e o meio ambiente. O conjunto do universo militar transplantado para o Novo Mundo pelos conquistadores conseguiu se impor sobre o nativo. No entanto, houve resistência. Os nativos não dominavam todo o instrumental bélico dos europeus, mas conheciam bem o meio

---

11. MEIRELES, DENISE MALDI, *Guardiães da fronteira. Rio Guaporé, século XVIII*, Petrópolis, Vozes, 1989.

ambiente. Foi a aliança com o meio ambiente que fez vitoriosos por cerca de duzentos anos o povo Mura[12]. Foi o conhecimento do meio físico que possibilitou aos cabanos[13] resistir por uma década à prepotência do Império brasileiro. O mesmo ocorreu com outros povos originários.

O militarismo está ligado aos grandes projetos da Amazônia. À época das ditaduras generalizadas na América do Sul, grandes projetos garantiam a supremacia do poder. Na Amazônia brasileira foi aberta a Transamazônica, a Perimetral Norte e outras rodovias, instalaram-se hidrelétricas que interferiram muito no meio ambiente e nas comunidades nativas e houve exploração de minérios como o ferro (em Carajás), o estanho (em Trombetas), a cassiterita (em Rondônia), entre outros tantos. Por onde esse tipo de "progresso" passou, só deixou devastação.

Desde o início do período colonial, os dominadores construíam fortalezas[14] para defender as terras de que se apossavam. Para controlar a entrada pelo Rio Amazonas, Portugal construiu o Forte do Presépio, e na banda Norte, o de São José. Pelo

---

12. WILKENS, HENRIQUE JOÃO, *Muhuraida, ou o triunfo da fé*, Manaus, Anais da Biblioteca Nacional, Universidade Ferderal do Amazonas, 1993; FERRARINI, S. A., *Borba, Primeira vila do Amazonas*, Manaus, Metro Cúbico, 1991.

13. RAYOL, DOMINGOS ANTÔNIO, *Motins Políticos* (3 vol.), Belém, Universidade Federal do Pará, 1970; OLIVEIRA, ROBERTO M. DE. *Cabanagem. Amazônidas indignados, Imperatriz*, Manaus, Ética, 2013.

14. REIS, ARTHUR C. F., *Roteiro histórico das fortalezas no Amazonas*, Manaus, Governo do Estado do Amazonas, 1966.

Baixo Amazonas, muitas outras fortalezas defendiam pontos estratégicos na boca dos rios. Onde hoje situa-se Manaus foi erguido o Forte de São José; no Alto Rio Negro, Marabitanas, e no Rio Branco, São Joaquim[15]. No Alto Solimões, próximo à Foz do Javari, ergueu-se o Forte de São Francisco, e no vale do Guaporé, o Príncipe da Beira.

O militarismo, o paramilitarismo e as guerrilhas também assolaram a Amazônia no século XX. No Brasil, os que se opunham ao regime militar organizaram resistências, como no Araguaia; no Peru, o violento e desumano Sendero Luminoso, de tendência maoísta, supliciou por dezenas de anos numerosas comunidades andinas e camponesas, provocando a reação também violenta do exército. Essas populações humildes, marcadamente nativas, tiveram de se refugiar na Amazônia peruana (em Madre de Dios), onde hoje ainda continuam exploradas sob o domínio dos garimpos desenfreados, das mineradoras e petroleiras. As Forças Armadas Revolucionárias da Colômbia (FARC) também empurraram um numeroso grupo de populações interioranas para a Amazônia, na região de Letícia. Atualmente, por conta desse quadro de violência, as fronteiras continuam tomadas pelos exércitos e por base do Sistema de Vigilância da Amazônia. As fronteiras continuam militarizadas, e a população nativa tem de conviver com a ideologia da segurança nacional. Com base na Amazônia, Euclides da Cunha

---

15. FARAGE, NADIA, *As muralhas dos sertões. Os povos indígenas do Rio Branco e a colonização*, São Paulo, Paz e Terra, 1991.

publicou sua obra *Um paraíso perdido*, mas este foi encontrado e corre o risco de se tornar um *inferno indesejado*[16].

Cenário Cultural. Os grupos humanos que foram se estabelecendo criaram características específicas. Em todo o domínio do bioma amazônico, constituíram-se comunidades urbanas e agrícolas. Originaram-se os troncos linguísticos e tudo o que dá uma identidade própria aos numerosos povos que hoje conhecemos, como Aimara, Omágua, Ticuna, Macu, Macuxi, Maué, Mura, Náua, Ianomami etc. Muitos desses grupos faziam intercâmbios econômicos. Acredita-se até mesmo que os incas desciam do Peru e chegavam próximo ao Rio Machado, em Rondônia, trazendo manufaturados e levando cacau.

Um ramo do conhecimento em que muitos progrediram foi a medicina. O milenar contato com o meio ambiente fê-los descobrir as ervas específicas para diversas doenças[17]. Hoje, grupos econômicos multinacionais tentam se apropriar dessa milenar sabedoria para transformá-la em objeto de mercado, em detrimento das comunidades amazônidas.

---

16. FERRARINI, S. A., *Amazônia. Manual para as futuras gerações*, Porto Velho: Editora Dinâmica, 2011. Referindo-se a este livro, Dom Pedro Casaldáliga escreveu: "*Amazônia*, um verdadeiro *Manual para as futuras gerações*, é um exame de consciência para todos nós hoje aqui. Com humor, com indignação e sempre na invencível esperança. Esses 'bicos de pena' são pequenos sacramentais ungidos de Natureza".

17. *Ervas medicinais do Povo Marubo (Rio Javari)*, por exemplo, é um trabalho da Comunidade Marubo. Nessa obra, Paulo Doles e Nilvo Favretto elencam ervas e plantas úteis à saúde do povo.

A cultura local milenar foi profundamente afetada pela cultura imposta pelos arrivistas. Fazia parte do projeto colonizador a imposição cultural, como, por exemplo, a língua, as construções e os costumes.

Os colonizadores, que chegavam como senhores, tinham necessidade de arrebanhar braços trabalhadores[18], pois o trabalho, na mentalidade greco-latina, era ocupação de escravos. Então, introduziram-se, na parte luso-brasileira, milhares de africanos. Com o tempo, as classes oprimidas foram se encontrando em seu infortúnio e surgiram os quilombos, os quais também podiam conter pobres marginalizados e nativos.

Poucos, mas profundos traços culturais persistem do período da dominação colonial e dos latifundiários posteriores. No entanto, representam a cultura dominante, como o Forte Príncipe da Beira e o Forte de São José, os teatros da Paz e do Amazonas, os prédios da alfândega em Manaus e as residências dos senhores da borracha.

A cultura amazônica foi registrada por um bom número de pessoas, destacando-se membros do clero, como João Daniel com "Tesouro Descoberto" e Cristobal d'Acuña com "Descobrimento do Rio das Amazonas", ou por cientistas, botânicos, viajantes, como Hercules Florence, Spix & Martius, Luiz & Elisabeth Agassiz, R. A. Lallement, Alexandre Ferreira etc. Alguns fizeram curiosas anotações que desvendaram as fímbrias

---

[18]. ANTONIL, ANDRÉ JOÃO, *Cultura e opulência do Brasil, por suas drogas e minas*, Belo Horizonte, Itatiaia, Edusp, 1982.

da sociedade, suas relações e seus traços culturais. Em Serpa (Itacoatiara), descreve Bates:

> Os índios não conseguiam dançar, pois os brancos e mamelucos monopolizavam todas as raparigas bonitas para os seus bailes e as velhas índias preferiam ficar espiando a tomar parte nelas. Alguns maridos se juntaram aos negros, embriagando-se rapidamente. Era divertido ver como os índios, naturalmente taciturnos, se tornam palradores sob a ação da bebida. Os negros e índios desculpavam-se de sua intemperança dizendo que os brancos se estavam embriagando na outra extremidade da vila, o que era verdade[19].

A partir da segunda metade do século XIX, o cenário cultural foi novamente tocado pelas levas de migrantes agrilhoados para a Amazônia, para a coleta do látex[20]. Esses grupos vinham com forte mentalidade machista e antinativa. Novamente, as populações amazônidas foram profundamente violentadas em sua cultura. Esse processo se repetiria por

---

19. BATES, HENRY W., *O naturalista no Rio Amazonas*, II, São Paulo/Rio de Janeiro, Nacional, 1944.

20. No Departamento do Alto Juruá, no Município de Cruzeiro do Sul, abundou a presença de jornais, porém dois deles tiveram vida mais longeva: *O Rebate* e *O Juruá*. Foi diretor, redator e proprietário o senhor João Mariano Silva. Um de seus temas prediletos era publicar colunas a respeito do seringueiro e do seringal. Sua família labutara em seringais no Rio Javari e no Rio Juruá e ele próprio manejou a machadinha por mais de vinte anos. Retratavam o mundo do seringueiro e defendiam ações públicas em seu favor.

ocasião da Segunda Guerra Mundial na figura do "soldado da borracha"[21].

Cada bioma tem sua identidade e deveria fazer parte da qualidade de vida do planeta Terra. No entanto, o dominador capitalista só olha o meio ambiente pelo aspecto mercantilista. Ora, em geral, todo bioma engloba comunidades humanas que vivem integradas nesse ambiente. Influir no bioma é também perturbar o estilo de vida das comunidades humanas.

Persiste a grande dificuldade de se compreender o que é cultura e o que é inculturação. Nem todos os elementos que compõem um estilo de vida de uma comunidade concorrem para o objetivo último e primordial de todo ser vivo do planeta, que é mais VIDA. Daí o respeito nas trocas de comunicação entre duas culturas de diferentes biomas. Esse conhecimento mútuo pode ajudar uma cultura a ser crítica de si própria e detectar o que pode ser mudado para melhor a qualidade de vida.

Ir para a Amazônia ou estar na Amazônia, o que isso significa? Sem dúvida, conhecer sua história, sua cultura, seu bioma. Conviver harmonicamente com as comunidades, mas também perceber o que pode e deve ser mudado para melhorar a qualidade de vida. Viver inculturado num bioma; optar por um estilo de vida distinto do predador; defender temas fundamentais como a ecologia e a terra para os povos originários etc., tudo isso se torna difícil para todas as gerações,

---

21. Cf. Araújo, A.; Neves, M. V.; Oliveira, W., *Soldados da borracha: Os heróis esquecidos*, São Paulo, Saraiva, 2015.

especialmente para os jovens, afetados que são pela mídia dominante no mundo.

A cultura amazônida carrega alguns traços negativos que vão muito lentamente sendo superados, tais como a mentalidade machista, a exploração das jornadas de trabalho da mulher, a atitude antiambientalista, a flora e fauna vistas como inimigas dos humanos, a aceitação passiva dos grandes projetos impostos pela força das mídias e das empresas, a mentalidade antinativa e outros.

Quando a missão Osvaldo Cruz[22] percorreu os rios amazônicos no início do século XX, constatou que o segundo fator de mortalidade era o beribéri. A população foi forçada a consumir alimentos enlatados, muitas vezes, putrefatos. Hoje, educar para a boa alimentação é visto como violência à cultura e à população local, habituada essencialmente à farinha, aos enlatados e aos peixes. Ora, ensinar a consumir alimentos frescos, verduras e frutas é incontestavelmente contribuir para melhorar a qualidade de vida. A maioria resiste porque não deseja ser um camaleão (comedor de folhas verdes). Num trabalho que realizei com mateiros, chegamos a elencar mais de duzentas espécies de frutas comestíveis na Amazônia. O bioma também se presta ao cultivo da macaxeira. Nesse sentido, o governo do Acre investiu muito, ajudando a população a produzir farinha com higiene e de boa qualidade.

---

22. CRUZ, OSVALDO et al. *Sobre o saneamento da Amazônia*, Manaus, Philippe Daou, 1972, 409.

O estabelecimento de *polos de desenvolvimento*, sobretudo o da Zona Franca de Manaus, atrai a população do interior, provocando grande êxodo rural e graves problemas urbanos e ambientais. A euforia desenvolvimentista reduziu os bosques, matou os igarapés, gerou favelas, aumentou a pobreza nos centros urbanos amazônicos.

Cenário sociopolítico-econômico. As comunidades nativas tinham uma identidade cultural, um espaço geográfico, saberes e um sistema de defesa com seus arsenais. Suas lideranças surgiam do seio da comunidade e tinham como missão principal a defesa e o serviço à comunidade. Essas organizações, no tempo do vandalismo cultural e ambiental dos truculentos colonizadores de ontem e também hoje, foram desmanteladas. O aparato opressor descobriu logo a importância de isolar e até mesmo aniquilar essas lideranças. Os povos nativos foram forçados a integrar a cultura opressora sob o jugo do servilismo e do escravismo.

Era preciso reorganizar a região amazônica, e o primeiro passo foi delimitar os domínios dos povos conquistadores. Todas as potências europeias fizeram de tudo para ter um pé, ou até mesmo o corpo todo, na Amazônia. Primeiro, houve a demarcação dos limites entre Portugal e Espanha, conhecida como Tratado de Tordesilhas (1494). A União Ibérica (1580-1640) favoreceu o expansionismo lusitano pelo oeste amazônico, forçando acordos, dos quais o mais importante foi o Tratado de Madri (em 1750)[23]. Claro que dessas negociações não participaram os povos que habitavam as regiões beligerantes.

No início do século XIX, as colônias das Américas encontraram terreno propício à sua independência. Na região amazônica surgiram Bolívia, Peru, Equador, Colômbia, Venezuela e, mais tarde, Suriname, Guiana e Guiana Francesa.

A Amazônia brasileira (Grão-Pará) era uma colônia de Portugal, independente da colônia do Brasil (Rio de Janeiro). Com violência extrema, foi forçada a aderir à Independência do Brasil (em 1823)[24]. A Província do Grão-Pará abarcava o que é hoje o Pará, o Amazonas, Roraima, Amapá, parte de Mato Grosso e de Rondônia. Enfim, uma região com fronteiras imprecisas entre os Estados do Grão-Pará e o Estado do Brasil.

O modo de viver dos nativos não era marcado pela mentalidade mercantilista, acumuladora de bens. O trabalho estava integrado à vida cotidiana, não representando, necessariamente, um pesado fardo. Boa parte do tempo era utilizada para o lazer, o banho, a higiene, a arte, a festa. Esse modo de vida foi interpretado pelo colonizador como indolência. Seu modo de cultivar e de construir também foi considerado

---

23. SOARES, JOSÉ CARLOS DE M., *Fronteiras do Brasil no regime colonial.* Rio de Janeiro, José Olympio, 1939.

24. OLIVEIRA, ROBERTO M. DE, *Cabanagem. Amazônidas indignados*, Imperatriz, Ética, 2013.

arcaico pelo europeu. Para tudo era necessário ensinar-lhes a viver. Viver como? Esse novo modo de viver significou-lhe morrer.

As comunidades nativas tinham mais liberdade, particularmente as das mulheres, que viviam integradas à vida livre do grupo. Podiam exercer múltiplas atividades, banhar-se muitas vezes, estavam livres das numerosas vestes das "brancas". Não viviam oprimidas — pelo menos não tanto — como as mulheres "brancas". Na época colonial, as mulheres tinham de ficar confinadas em suas casas. Somente a religião lhes proporcionava uma pequena abertura, pois, nos domingos e dias santificados, elas podiam sair para ir às cerimônias religiosas, desde que não mostrassem os pés! É por isso que, mais tarde, o mundo dos conventos femininos passou a ser um espaço de mais liberdade para as mulheres, distante dos olhares machistas dominadores do homem; nesses espaços, elas podiam estudar e expandir seus dons. Em casa, viviam praticamente como escravas do modo de vida patriarcal.

A expulsão dos jesuítas no final da década de 1750 e, depois, de muitos outros grupos religiosos representou um choque profundo no âmbito sociocultural. A educação foi abalada e só começou a se recuperar um pouco bem mais tarde. As casas e as escolas jesuítas tinham bibliotecas com grandes acervos de livros. A política pombalina conseguiu destruir tudo. As folhas de preciosos livros eram usadas para embrulhar sabão! A sociedade da época era um mundo iletrado, mesmo após a chegada dos nordestinos para a coleta do látex. O pouco que existiu no cenário educativo nesse período foi mais por parte da Igreja que do Estado. Os párocos, ou vigários, eram os professores dessas localidades.

Desde que chegaram à Amazônia, os povos foram se adaptando às condições do bioma. Dessa relação surgiu seu tipo de economia — na banda oriental, sempre muito ligado ao mundo aquático (peixes e quelônios) e à floresta (coleta de produtos). Foram domesticando algumas plantas como a macaxeira e possivelmente a pupunha e outras frutas.

Com a chegada de outros povos, esse frágil suporte econômico foi a garantia de sua presença em solo amazônico. Eles introduziram outros produtos como árvores frutíferas (vindas, sobretudo, do Oriente e da África), arroz, gado bovino, galináceos e gêneros oleráceos.

Alguns produtos foram marcantes na história econômica da região, após aquele período garantido pelos nativos: drogas do sertão, cacau, peixes, quelônios, goma elástica. Mais recentemente, houve a expansão da pecuária, da agricultura, do campo dos minérios e das hidrelétricas.

A pesca era atividade essencial a todo habitante ou transeunte. Dentre os animais do mundo aquático, eram procurados, em especial, o pirarucu, o peixe-boi[25] e os bichos de casco[26]. Destes também se usavam os ovos (manteiga ou óleo) para a culinária e para a iluminação pública. O látex era extraído,

---

25. NUNES PEREIRA, *O peixe-boi da Amazônia*, Rio de Janeiro, Ministério da Agricultura, 1944.

26. FERRARINI, S.A., *Quelônios, animais em extinção*, Belém, CNPq, 1980.

máxime, da seringueira, mas também de outras árvores leitosas, como o caucho.

A mineração investiu nas jazidas de ferro em Carajás (PA); de manganês, na Serra do Navio (AP); bauxita no Trombetas (PA); cassiterita (RO); ouro e diamantes etc. A exploração de madeira, uma atividade que saiu do controle do Estado em virtude da grande demanda mundial, é a principal responsável pela destruição da Amazônia. Tinha um crescimento lento, mas, a partir dos anos 1970, passou a ter uma demanda abusiva.

Recentemente, houve grande crescimento do Polo Industrial de Manaus, o segundo polo de eletrodomésticos mais importante do Brasil, da pecuária, sobretudo em Rondônia, no sul do Pará e em partes do Acre e de Roraima, e das hidrelétricas, para atender ao modelo de desenvolvimento econômico do Brasil. Os rios são vistos pela óptica do mercantilismo, por isso, são submetidos a represamento, provocando uma agressão inimaginável ao bioma amazônico, principalmente em Balbina, Samuel, Tucuruí, Jirau, Santo Antônio, Belo Monte…

Sementes do Verbo. Outro mito difundido pelo conquistador era o de que o nativo não tinha um deus. Por isso, consideravam necessário ensinar-lhe uma religião. No início, houve um período profético, ou seja, os missionários, em que pese a cultura da época, chegavam animados com seus projetos carismáticos institucionais. Mas logo o aparato estatal metropolitano os obrigou a integrar-se no modelo colonizador. Contudo, os profetas continuaram, aqui e ali, criticando o modo de evangelizar e o estilo de vida dos colonos cristãos. O céu sobre o qual se ensinava aos nativos não lhes interessava, pois para lá também iam seus opressores cristãos. Foi um dilema terrível para os missionários mais evangelizados e coerentes. Essa situação pode ser observada em personalidades como João Daniel, Gabriel Malagrida, Antônio Vieira, para citar alguns dos tempos coloniais.

As missões, junto com os fortes e os casamentos de soldados com nativas, foram algumas estratégias que a política colonizadora utilizou para a garantia da posse das terras. A maioria dos missionários estava mergulhada na cultura da época, que entendia que, para criar uma civilização, deveriam retirar os nativos do interior e, com eles, formar povoados nos pontos de maior comunicação e ali introduzir o modelo de vida europeu. É claro que, mesmo usando estrita observância, o colonizador teve de transigir, aceitando e mesmo integrando, no cotidiano, costumes e práticas nativos relacionados às comidas, ao uso de redes, aos nomes de topônimos, ao artesanato, aos meios de comunicação, à medicina, aos conhecimentos geográficos etc.

As primeiras organizações missionárias ocorreram no Baixo Amazonas, sobretudo nas cercanias de Belém, onde se localizavam o forte, o centro administrativo, as casas centrais dos diferentes institutos religiosos, bem como o bispado.

As missões eram quase todas organizadas e dirigidas pelas antigas ordens religiosas: franciscanos, capuchinhos, mercedários, jesuítas e carmelitas. Nos primeiros tempos, não havia uma boa relação entre esses grupos religiosos e o bispo, pois este não tinha jurisdição sobre as missões. Diversas ordens também alimentavam desavenças contra os jesuítas, pois diziam que estes tinham privilégios.

Já no Alto Solimões, sob o domínio da Espanha, houve uma presença marcante do missionário jesuíta Samuel Fritz[27]. Ele dedicou-se inteiramente aos povos de toda aquela extensa região e foi denominado o Apóstolo do Amazonas. A volúpia expansionista lusitana insinuou-se no Solimões, expulsou o padre Samuel e encarregou os carmelitas lusitanos dessa área. O Rio Madeira também teve o seu apóstolo, o padre João Sampaio[28]. Na época de Pombal[29], com seu meio-irmão como governador do Grão-Pará — Francisco Xavier de Mendonça Furtado —, os religiosos foram expulsos e as missões foram secularizadas e confiadas a um diretor leigo e a um sacerdote do clero secular.

Foi somente em 1719 que se criou a diocese do Grão-Pará; a do Amazonas foi criada em 1892. As prelazias foram surgindo no decorrer do século XIX, em geral, confiadas a um instituto religioso e configuradas por uma bacia hidrográfica. Como exemplo, temos: beneditinos e a Consolata no Rio Branco; salesianos(as) no Rio Negro; capuchinhos(as) no Alto Solimões; espiritanos no Médio Solimões e no Juruá; servos(as) de Maria no Alto Purus e no Acre; agostinianos(as) no Purus;

---

27. FRITZ, SAMUEL, *O diário do Padre Samuel Fritz*, Rio de Janeiro, Revista do IHGB, Tomo 81, 1917.

28. ECKART, A., Aditamentos, em *Porro... Uma crônica ignorada*, São Paulo, USP, 2011.

29. REIS, ARTHUR, *A política de Portugal no vale amazônico*, Belém, 1940; MENDONÇA, MARCOS C., *A Amazônia na era pombalina*, Rio de Janeiro, IHGB, 1963.

salesianos(as) no Alto Madeira e em Rondônia; franciscanos no Guaporé, no Baixo Madeira e em Santarém; Scarboro em Itacoatiara; redentoristas no Baixo Solimões; PIME em Parintins e no Amapá[30] etc.

Espaço Urbano. Há quem diga que as cidades na Amazônia não deveriam passar de 70 mil a 80 mil habitantes. E não é difícil compreender essa impressão. Mas, sendo a Amazônia considerada um cenário igual ao do Mediterrâneo, ao meio oeste americano, aos pampas e ao sudeste brasileiro, justifica-se tudo o que vem sendo feito nela. O bioma amazônico tem sido forçado a ser uma imensa seara, uma gigantesca fazenda de gado, um parque industrial alemão, uma Manchúria de minérios, uma fonte inesgotável de pesca, de madeira, de aves exóticas etc. A Amazônia não é um *tchernozium* ucraniano... É nisso que consiste a violência contra a Amazônia, e, é claro, o estilo de vida ali existente ou que existiu ou deveria existir. A violência consiste em forçar alguém ou algo a ser o que não quer ou não pode ser.

As cidades cresceram desmesuradamente promovendo graves prejuízos aos seus habitantes — em geral, pobres e migrantes —, prejuízos para o meio ambiente com a devastação total da floresta e o desaparecimento de igarapés ou sua transformação em esgotos. Quando morei em Manaus, era aprazível,

---

30. CERETTA, CELESTINO, *História da Igreja na Amazônia Central*, vol. 2, Manaus, Biblos, 2014.

aos domingos, banhar-me em igarapés que se situavam aproximadamente a uns sete a dez quilômetros do centro da cidade. Anos depois, regressei, e esses igarapés estavam abandonados, cheios de lixo, um esgoto a céu aberto. Tínhamos de ir nos refrescar a uns quinze quilômetros mais adentro. Então, voltei novamente, um tempo depois, a Baré e fui recordar aqueles cenários hídricos paradisíacos, mas o que encontrei foram montes de lixo e as águas totalmente poluídas! Assim avança a *civilização*, o *progresso*!!!

A maior parte da população, teleguiada pelos meios de comunicação globalizados, não alimenta quase nada de cultura conservacionista. Seu horizonte é sua vida, seu prazer. Poucos pensam nas gerações futuras e num nível de vida saudável para todos os seres vivos.

Todos carecem ser educados a fim de ser habitante do planeta Terra[31], de modo que tanto faz apoiar um programa ecológico na Amazônia ou na África ou em Sumatra; tem o mesmo valor denunciar agressões ao meio ambiente tanto na Malásia como no Quênia ou na Amazônia.

As várias faces da discriminação. A Amazônia continua sendo um tema muito lembrado e gerador de paixões. Para não se tornar presa de reducionismos ideológicos, deve ser contemplada a partir de sua "vocação", desde o momento em que passou a existir.

---

31. MORIN, EDGAR, *Os sete saberes à educação do futuro*, São Paulo, Cortez, 2007.

O ser humano, com sua grande capacidade de acomodar, transformar, modificar e subjugar todo quadro natural, interfere de maneira negativa na natureza. Desde a sua chegada em qualquer ecossistema, ele estabelece uma relação conflituosa, de inimizade, de competição e de dominação. O ser humano entende — e sempre entendeu dessa forma — que os elementos da natureza são seus inimigos e que, por isso, é necessário chegar com um grande arsenal tecnológico para demonstrar sua superioridade e impor seu *modus vivendi*. Aí ele passa a modificar o ambiente, moldando-o conforme sua concepção de organização, de beleza, de utilidade, de ordenação etc. Destrói a vegetação nativa para plantar eucalipto, pínus, quiri e outros tipos de árvores (que compõem os cenários do deserto verde) porque são plantas úteis que podem se tornar papel, compensado, e produzir essências. Planta roseiras, jasmim, cravo, crisântemo... porque são plantas lindas, que enfeitam e podem ser vendidas. Drena pântanos, manguezais, várzeas... para poder plantar algo que possa ser útil para a alimentação. Derruba grandes árvores porque estas podem cair em cima da casa que ele construiu ali, ou porque impedem a abertura de rodovias. Ou simplesmente ele destrói para retirar algo.

Assim, esses quadros naturais vão perdendo sua função de equilíbrio ecológico, de sustentação de espécies animais e vegetais que só podem subsistir naquele quadro natural e não conseguem se adaptar a outros ecossistemas, ou à cultura do civilizado. Os resultados nefastos dessa interferência "inteligente" nem sempre são imediatos. A sua reversão nem sempre é possível, ou dura dezenas ou uma centena de anos.

De modo geral, o ser humano não se relaciona de um modo terno com a natureza, por causa, digamos, de sua postura machista. A natureza, em geral, faz parte mais de uma cosmovisão feminina. A cultura é, quase sempre, falocêntrica. Por isso, essa relação de ternura é vista com maus olhos pelo androcentrismo e a relação de dominação é uma decorrência dessa mentalidade. Não busca uma relação de harmonia com a natureza, mas de dominação, de destruição, de modificação, segundo a visão do humano. Ele sente prazer em subjugar os elementos da natureza: caça e prende animais e aves, pois, para o homem viver, a liberdade deles é um desafio. Quando pensa na natureza, logo quer transformar tudo em mercado. Parece que o humano tem dificuldade para contemplar os seres em liberdade, em seu meio ambiente, por isso, sente necessidade de subjugá-los com violência e com a morte, à moda de sua cultura.

A onça deve viver livre em seu *habitat*. Mas o ser humano chega e destrói uma grande extensão de mata para criar gado. Reduz o espaço de procriação e de alimentação de muitos animais. Assim, a onça deixa de ter o que comer e passa a investir contra outros animais (bois, ovelhas, galinhas etc.), que roubaram seu espaço. Pronto! Assim, está declarada a guerra. O grande felino passa a ser um inimigo, pois devora os animais domesticados do homem civilizado.

Os passarinhos desaparecem ou passam a procurar outros locais onde possam procriar, cantar e se alimentar com liberdade, porque tiveram roubados seus espaços e nestes foram introduzidas plantas estranhas, cultivadas à base de venenos. Eles definham e/ou morrem com a ingestão desses produtos tóxicos. Os novos "produtos" introduzidos pelo homem civilizado acabam sendo descobertos pelas aves "selvagens" e são vistos como se fossem bons para sua alimentação. Então, tem início a matança, com *métodos modernos* para o ser humano se livrar dessas "pragas". Em algumas regiões, em consequência da densa degradação ambiental e do uso de venenos, abelhas já estão nascendo sem asas. Sabemos que dos insetos, das abelhas, sobretudo, depende a polinização, portanto, a multiplicação das espécies vegetais. Já se pode antever a catástrofe que se anuncia!

Na abertura de uma importante estrada que liga a capital federal ao Noroeste, o presidente da República à época foi convidado a presenciar a derrubada da última grande árvore que "impedia" a construção da rodovia. Depois de nocauteado o inimigo, como sinal de dominação, o presidente se pôs a andar por cima do enorme tronco. Estava subjugado o inimigo que impedia o desenvolvimento. A cena parece dizer "Vencemos! Derrotamos o último inimigo que se opunha ao progresso!". Sabemos que esse tipo de desenvolvimento considera não somente a floresta como inimiga do desenvolvimento, mas, também, e sobretudo, as comunidades nativas!

A opacidade da natureza é mais patente quando a interferência é feita a céu aberto, com o desmatamento, a queima, a introdução de pastagens, barragens imensas, mineração etc. Aí se veem águas poluídas, cinzas, arboricídio, hidrocídio, gado pascendo languidamente sob sol causticante; e não se veem horizontes, céu azul, verdes florestas... graças à densa nuvem de fumaça.

O fascínio do ouro. Toda essa ganância, cada vez mais galopante, centrada fixamente em poucas pessoas, mas sonhada, utópica para grande parcela, é simbolizada pelo ouro. Quando essa riqueza não é representada concretamente por esse metal, sua denominação passa a ser atribuída a outros produtos, como o ouro negro (a borracha), ou outra mina de ouro (a madeira de lei, o pescado nobre etc.). O furor que o ouro produz acaba sendo algo irracional. Os nativos do México, do Peru, da Bolívia e do Brasil achavam que os conquistadores *comiam ouro*, tamanha era a sua volúpia, sempre insaciável. Por isso é dito que "onde fala o ouro, cala a razão". Estabelece-se uma relação de "bestialidade" entre o acumulador de riquezas e as fontes ou mediações de acesso a estas.

O ouro carrega em si uma terrível contradição: quanto mais se tem, mais se quer ter; quanto mais se tem, menos liberdade se adquire. Onde há ouro, há fome, miséria, violência. Vejamos o sentido das narrativas a seguir:

> Três viajantes encontraram uma fabulosa mina de ouro. Contemplando aquela maravilha, o tempo passou e começaram a sentir fome. Um dos três foi comprar alimentos, enquanto os outros dois vigiavam o ouro. O que foi comprar alimento, no caminho, pensou: "Por que não colocar veneno na comida? Comerão e morrerão, e ficarei com todo o ouro!". Entretanto, seus companheiros deliberaram também matá-lo e dividir entre si a parte que lhe cabia. Quando voltou, assassinaram-no, e comeram a comida envenenada e também morreram.
>
> ***
>
> Um senhor conta que, uma vez, estava junto a uma roda de joalheiros de Bassóra e ouviu um árabe contar esta

história: "Uma vez eu me perdi no deserto, sem provisões. Estava prestes a morrer quando subitamente vi de longe um saco. Ah, nunca esquecerei a alegria que senti ao pensar que continha pães. Mas, logo tive uma grande amargura e desespero quando descobri que continha somente ouro!"[32]

Para defender as riquezas da Amazônia, Portugal ergueu fortes ao longo da fronteira. Pelas bandas do Guaporé, foram encontradas ricas minas de ouro. Construíram *Príncipe da Beira* para defender a fronteira e o ouro. Quando ali instalaram um formidável canhão, já não havia mais nenhum sentido; não havia mais ouro, e a fronteira já estava consolidada por acordos. As armas apontavam contra o nada.

Paisagens desoladas pelo garimpo podem ser vistas em diversas regiões da Amazônia peruana, nos rios que compõem a bacia do Madre de Dios. A realidade peruana não é muito diferente das realidades de outrora e de hoje em dia, na América Espanhola e no Brasil. O ouro continua provocando mais sinais de morte do que de vida. Em geral, produz concentração de bens. É só se perguntar: Em que redundou, em termos de benefícios sociais, Serra Pelada e Rondônia? E outros lugares no Brasil? Potosí, na Bolívia? Huepetuhe, Mazuko, no Peru? Aliás, quem quiser ver pobreza, miséria, degradação humana, é só visitar um centro aurífero.

---

32. CHALITA, MANSOUR, *As mais belas páginas da literatura árabe*, Petrópolis, Vozes, 1973.

A imensa cobertura vegetal da Amazônia perturba os mineradores, porque não conseguem encontrar os veios de ouro, ou, se os encontram, é difícil sua extração. Depois de um ciclo aurífero muito devastador na região amazônica brasileira, parece que a situação hoje é menos voraz, mas isso se perpetua e ainda vem demonstrando todo o seu poder destruidor. A questão não é apenas abrir um buraco e retirar minério ou afundar um aparelho e tirar lodo do fundo do rio. Problemas mais sérios derivam do trabalho feito com esse material para separar o ouro de impurezas e, para isso, empregam um elemento nada puro: o mercúrio, e também outros materiais pesados. Os rios e a fauna amazônica já estão envenenados!

Um projeto global para a Amazônia. Aquele que ignora uma causa tende a odiá-la. Por que tantas vozes se levantam contra a devastação da Amazônia? Ela não é imensa, eterna? Afinal, desde 1500, derrubam-se árvores (pau-brasil), estamos desmatando, e ainda não acabou a floresta! Ela nunca vai acabar. E, se acabar aqui, vamos procurá-la na África, na Ásia! Desconhecendo-se a função social, humanizadora, parceira da vida, não há por que não retirar o máximo da natureza — esta é a mentalidade que impera. Grandes comerciantes de madeira no Vietnã já não encontram árvores em seu país, então, vão surrupiá-las no Laos. É o que ocorre também nas terras amazônicas.

Não se pode mais pensar apenas em âmbito local. A Amazônia é imensa, e não é só brasileira. Muitos outros países compartilham desse espaço natural. Daí a necessidade de uma ação conjunta, de políticas internacionais, de redes, de alianças entre grandes e pequenos para uma relação inteligente, humilde, mas audaciosa, solidária com a natureza.

Os grandes rios que nascem na região da Bacia Amazônica têm longos percursos, que se estendem para fora das fronteiras do Brasil. Aqui reside a fragilidade das políticas brasileiras com relação à Amazônia. Imaginemos que o Brasil tente controlar a ação predatória, desequilibrada, com relação à fauna ictiológica, respeitando o tempo de defeso. Mas os peixes não conhecem os limites, as fronteiras dos humanos. Não há uma placa indicando onde devem desovar. O Brasil pode controlar as derrubadas, as queimadas, mas, se o país vizinho não faz o mesmo, o mal atinge todas as fronteiras. O Brasil pode controlar o garimpo, o uso de mercúrio, mas, se o vizinho poluir, serão as comunidades brasileiras, nos cursos médios e baixos dos rios, que sofrerão as consequências.

É necessário haver uma consciência coletiva, uma solidariedade continental, mundial, pois, atualmente, o destino dos humanos e da natureza não é algo localizado, mas universal. Trata-se da sobrevivência de todos os seres vivos e das estruturas que sustentam esses seres. A solidariedade entre os seres vivos é fundamental para a qualidade de vida no planeta. Aquele que ignora uma causa tende a odiá-la e odiar os que lutam por ela. Há os que só enxergam num prazo curto, para o dia de hoje, no que se refere ao prazer de desfrutar ao máximo um bem da natureza. Daqui a alguns anos, esses indivíduos não estarão mais aqui. Por isso, não se solidarizam com as gerações futuras. Só veem o bem imediato. É bonita aquela visão de Martinho Lutero, que dizia: "Mesmo que eu soubesse que amanhã morreria, ainda hoje plantaria uma macieira". Aqui, na Amazônia, poderíamos parodiá-lo afirmando: "Mesmo que eu soubesse que morreria amanhã, ainda hoje plantaria uma castanheira".

É preciso encarar com seriedade, enquanto é tempo, o perigo que vem dos altos rios. Pelo Solimões, Javari, Madeira e seus afluentes, recebemos um volume imenso de agentes poluentes decorrentes do beneficiamento da madeira, das jazidas de petróleo e dos garimpos. Pude constatar esses tristes cenários nos rios Inanbari, Araza, Madre de Dios e outros no Peru; Madeira, Mamoré, Abunã, no Brasil. As águas verdes, limpas, que descem dos montes cusquenhos, tão logo recebem os pequenos volumes de água das quebradas Colorado, Caychiwue e Huepetuhe, são transformadas pela intensa ação dos garimpos localizados ao longo desses rios. Esses locais auríferos (e madeireiros) são muito pobres humanamente, socialmente falando. Há uma frágil estrutura social e econômica. O pequeno garimpeiro é explorado pelo maior. Ele foi fascinado pelo ouro como possibilidade de uma vida melhor para si e para sua família. O ouro sempre fascinou e gerou uma utopia de que "amanhã, encontrarei uma grande pepita e... adeus, miséria!". O garimpeiro já chega ao garimpo na Amazônia vindo de uma situação precária, e espera enriquecer rapidamente. Nessa nova situação, ele continua explorado, perde sua cultura, seus valores. A cultura do ouro não leva à solidariedade, ao bem-estar da comunidade, não proporciona um nível de vida mais elevado para o povo. Onde estão os Andes, o Itacolomi de ouro, de prata...? Eles fortaleceram o capitalismo europeu como o mesmo ouro continua fortalecendo o neoliberalismo de hoje.

V
A violência subjacente nos mitos sobre a região

O mito de que a Amazônia é uma paisagem uniforme

A identidade amazônica é rica em cenários multiformes. Ao falarmos em Amazônia, claro que nos vem à mente uma imensa floresta. E, em grande parte, é isso mesmo. No entanto a Bacia Amazônica, o bioma amazônico, abriga uma diversidade tão rica e magnífica de cenários naturais que isso desfaz o mito de que a Amazônia seja apenas uma exuberante floresta e a transforma em algo muito mais fascinante, misterioso, rico e de atrativo infinito para o ser humano.

Quem percorre, navega ou sobrevoa a região dos rios Tacutu, Maú, Uraricoera, Branco e outros rios dessa região roraimense depara-se com o maravilhoso cenário do *lavrado*. É uma grande extensão, tipo a savana africana. Ali abundam árvores e arbustos do feitio do cerrado central brasileiro, com seus troncos retorcidos e casca grossa. O terreno é povoado por miríades de cupinzeiros em forma de cipreste, dando uma visão insólita à área. Centenas de lagos naturais pontilham o lavrado, e neles lânguidas aves ictiófagas procuram seu alimento. O tamanduá é um animal típico dessa região. É também a pátria das ricas e mais que multicentenárias culturas nativas, como a Macuxi, a Vapixana, a Taurepang, Ingaricó. Estão abrigadas, no que não foi roubado de suas terras: o território da Raposa-Serra do Sol. O lavrado se estende em direção à Guiana.

Já pela parte Norte, adentrando a Venezuela por meio de Pacaraima, mergulha-se na *Gran Sabana*. Transposto o Rio Kukenán, que desce do Roraima pela vertente ocidental, atinge-se a quebrada *Kaku Paru*. Ali situa-se a belíssima queda-d'água que se destaca pelo colorido do leito que suas águas percorrem, como se fosse um leito de jaspe em meio à pujante mata ciliar, proporcionando um cenário paradisíaco.

Fora do Brasil, na Bolívia, a área que se estende do Mamoré em direção ao Departamento de Pando até pouco além de Santana de Iacuma é tomada por extensa vegetação de pequeno porte, mas que, de inopino, é interrompida pela mata densa que se estende a Noroeste até o Rio Acre e depois adentra o Brasil.

Na Amazônia, existem campos naturais que são como pequenas manchas, que ornam a floresta e abrem naturalmente clareiras, expondo modos diferentes de expressão natural. Localizam-se, por exemplo, entre os rios Madeira e Purus, onde têm seus nascedouros muitos dos tributários do caudaloso Rio Ituxi e o Rio Purus.

Ao longo dos grandes caudais, predomina a vegetação de várzea, e, na orla atlântica, os manguezais.

O destaque, é claro, é para a densa e grandiosa floresta. Ela se estende por milhões de quilômetros quadrados e habita terrenos firmes e igapós, planícies e montanhas. Em cada área diferenciada de terreno, a vegetação apresenta-se com matizes variegados. Nos contrafortes andinos, pelas serranias e pelos vales, imensas samambaias ostentam suas delicadas folhas todas rendadas. Em terrenos mais planos e de clima mais quente, despontam as gigantescas bertolécias, que fornecem grande fonte de renda a muitas comunidades locais, como nos vales do Rio Abunã e nos tributários do Madre de Dios. Jacarandás e ipês, em época de floração, são verdadeiros buquês matizando o verde de lilás, róseo e amarelo.

O mito de que a Amazônia só inicia sua história em 1500

Esse mito que povoa mentes e livros revela o grande desrespeito pelas culturas nativas/autóctones, que, em muitos lugares, são maioria. Essas culturas, há pelo menos 13 mil anos, constroem um *modus vivendi* equilibrado com a natureza. Sua história foi interrompida violentamente para dar início à história dos conquistadores. Desde então, as políticas do poder, que se impuseram pela força das armas, das doenças, do estilo de vida europeu, tentaram a qualquer preço suprimir os vestígios daquela história milenar.

O mito de que na Amazônia só existe o problema ambiental

O problema ambiental na Amazônia se revela de múltiplas formas. Vai desde o mais conhecido, que é a destruição da floresta por meio do fogo, para utilizar a área para o latifúndio predador, passa pela poluição imensa causada pelas embarcações que navegam pelos mais de 20 mil quilômetros de vias navegáveis, tendo continuidade com o garimpo avassalador e os jazimentos petrolíferos mortíferos; e chegando ainda às emanações fatídicas do CO_2 nos centros urbanos.

Contudo, o problema ambiental não é o único no imenso espaço amazônico. Temos também o problema demográfico. Há muito tempo existe a mentalidade de que é necessário povoar ao máximo a Amazônia. Houve muitos governos federais e regionais que desenvolveram irresponsavelmente essa mentalidade, induzindo levas e mais levas de migrantes a se direcionar para a Amazônia. Esses grandes contingentes tornaram-se mão de obra barata e currais eleitorais de ignominiosa demagogia. Propalou-se o *slogan* "terra sem gente para gente sem terra", e também o lema "ocupar, não entregar" e outros ditos da famigerada Doutrina de Segurança Nacional, de triste memória, a qual ainda há grupos que tentam sustentá-la num tempo em que se minimizam as fronteiras e se valoriza o planeta como terra comum de todos os viventes. A Amazônia é um bioma que não suporta alta densidade demográfica, mas que contribui para a humanidade de outras formas. A Amazônia não são as terras europeias para adensamento humano. Grande parte de seus solos não se presta à cultura da civilização ocidental. Forçar um solo a produzir o que não pode produzir é violentá-lo. Forçar muita gente a povoá-lo tem como corolário produzir alimento para esse contingente. Força-se o solo a produzir o que não pode produzir. Nasce a tensão entre meio ambiente e demografia. O poder constituído engendra projetos para atender à pressão demográfica — por ele insinuada — inspirado por padrões de outras culturas e outros quadrantes. O resultado é o surto de novas violências.

O mito de que a Amazônia é Brasil

Falou-se em Amazônia, pensa-se logo no Brasil. Entretanto a Amazônia não se circunscreve ao Brasil. Mesmo sendo menor o território em países vizinhos, representa uma área considerável para eles. No caso do Peru, mais de 50% de seu território está em bioma amazônico. A Pan-Amazônia equivale a mais de 6 milhões de quilômetros quadrados, muito além das fronteiras do Brasil.

O mito de que só há um povo na Amazônia (genericamente, indígenas)

Quando os exploradores ibéricos chegaram à "América", o continente era habitado por milhões de seres humanos divididos em diferentes culturas, em diferentes estágios de desenvolvimento e em diversos estilos de vida. Eram inúmeras as nações com suas próprias línguas, suas variadas culturas econômicas, os povos rurais e urbanos. A truculência do invasor arrasou impérios inteiros e, em poucas dezenas de anos, sepultou, por meio da força das armas e da exploração escravista, milhões de autóctones. Esse tipo de civilização imposta pelos luso-castelhanos provocou o maior genocídio de todos os tempos. Como se não bastasse o necrótico sucesso dos séculos precedentes, perpetuou-se até o presente a tentativa de eliminar os remanescentes daquelas sagazes nações nativas.

Incas, maias, aruaques, guaranis, omáguas, astecas, iroqueses e tantos outros habitavam o continente de norte a sul. Considerados genericamente como índios, foram logo tomados como símbolo de selvageria, atraso, idolatria e de outros tantos designativos decorrentes do etnocentrismo europeu. Cada uma dessas nações nativas tem direito ao seu território, a desenvolver sua cultura e a manter laços de solidariedade com os outros povos nativos e não nativos; tem direito a incorporar aspectos da cultura de outros povos, rejeitar os que são prejudiciais e a resistir a muita coisa que o "mundo do branco" quer lhe impor e furtar.

O mito de que a floresta e os animais são inimigos do ser humano

Qualquer indivíduo que more na Amazônia ou passe por ela é questionado, fora da região, a princípio, sobre os perigos dos animais e da floresta. A Amazônia abriga mistérios, "forças do mal", desafios, tropeços para a civilização que devem ser enfrentados, outrora, na ponta de baionetas, hoje, com tratores, venenos e motosserras. É uma região que tem de cumprir, obrigatoriamente, a mesma função "civilizadora" que o mediterrâneo, o pampa, as estepes asiáticas, o meio oeste americano etc. Tem que se tornar a mesma paisagem de chaminés fumegantes, campos de cereais, torres petrolíferas, regiões urbanizadas, aterros, pontes, viadutos e tudo o mais que o neoliberalismo/

capitalismo considera progresso e desenvolvimento. Assim, o inimigo será vencido, subjugado, domado.

O mito de que o ser humano (em especial uma parcela) é senhor absoluto da criação

Graças a esse mito, o "civilizado" pode submeter e escravizar todos os outros seres. Esse mito se consolidou desde a mais remota era e se impôs historicamente. Usando de todos os meios a seu dispor, criou a mentalidade de que essa é a sina da humanidade. Essa parcela da humanidade, que não se tem ampliado muito com o tempo, submete a seu império não somente o "resto" da humanidade, mas todos os seres vivos do planeta e todo ambiente. Pode arrasar montes e colinas; interromper igarapés e rios; pulverizar campos, savanas, cerrados e florestas; modificar quimicamente produtos da natureza; fabricar produtos atraentes que destroem toda vida; aprisionar e torturar plantas, insetos, animais aves e peixes; nomear, segundo seu interesse, o que na natureza é bom e ruim. A isso tudo essa parcela da humanidade denomina desenvolvimento, cultura superior, progresso.

Essa mentalidade prevalece na Amazônia, região bárbara que precisa trocar de identidade para ser considerada próspera!

O mito de que cada país deve resolver seus próprios problemas

Em qualquer lugar do planeta, só os retrógrados estrategistas têm a cabeça enfiada nesse mito, por isso a humanidade ainda está longe de ser uma fraternidade. Na Amazônia, essa é uma grande falácia. A grande calha amazônica passa pelo Brasil e "finda" no Oceano Atlântico. Todavia, as correntes marítimas se encarregam de conduzir a água e o que ela transporta para outros mares e continentes. O que passa pelo Brasil vem dos países vizinhos, pelo menos o que é trazido pelo Rio Madeira e pelo Rio Solimões, para citar os dois maiores rios da grande Bacia. Sabemos que esses grandes caudais não trazem somente as águas dos páramos andinos e dos milhares de igarapés que serpenteiam pela densa floresta. Trazem também os esgotos de grandes centros urbanos, dejetos do refino da coca, rejeitos dos poços petrolíferos, mercúrio dos garimpos artesanais e industriais etc. Isso tudo é engrossado no Brasil, e os rios acabam sendo receptáculos da escória da civilização. Disso decorre a urgente necessidade de ações conjuntas de países e nações que comungam de um mesmo bioma, de uma mesma bacia hidrográfica. Nesse sentido, "fronteira" é um conceito muito relativo.

Hoje todos (e todas) são responsáveis por qualquer bioma do planeta. Um fazendeiro, perguntado sobre o trabalho da Irmã Dorothy Stang, retrucou furioso: "Mas o que está fazendo essa americana aqui na Amazônia?". Ela fazia o que todo humano deveria fazer em todo lugar: lutar pela qualidade de vida, defender o oprimido, conviver com o meio ambiente. Seja aqui, na floresta do Congo ou na Indonésia...

O mito de que os recursos da Amazônia são ilimitados, infindáveis

Alguns dados revelam o grande potencial da Amazônia: 21% da disponibilidade mundial de água doce não congelada;

34% das reservas mundiais de florestas; 30% de todas as espécies da fauna e da flora do mundo. Há quem diga, quando criticado por sua voracidade em liquidar a madeira, que "desde 1500 se explora a floresta e a madeira não acabou!". Assim são as vergônteas do capitalismo selvagem. Insaciáveis. E, quando liquidam um bem numa região, procuram outra para fazer o mesmo estrago. Onde há abundância de peixes, de quelônios, de araras, de mogno, de louro, de palmito, de felinos etc.? Veja-se o que ocorreu no Haiti, com as florestas! Os pobres, por não terem outro meio de vida, transformaram as árvores em carvão! Hoje, vemos os resultados!

O mito de que a Amazônia é monótona

Não é raro ouvir-se o comentário de que na Amazônia tudo é monótono, de que tudo é "igual", só água e floresta. Quando se convive com uma pessoa, se dialoga assiduamente com ela, com o tempo, pode-se ter a impressão de que essa pessoa é perfeita ou de que é repleta de defeitos. Passa-se a avaliar melhor e se percebe na pessoa o tanto que tem de bom, de regular e talvez de ruim. Assim é com o meio ambiente. Se você vai para a Amazônia apenas para caçar uma onça, acaba não vendo outras coisas. Se está à procura de mogno, não vê outros vegetais e o ecossistema. Se você tiver com o meio ambiente um relacionamento fraterno, respeitoso, terá também olhos, ouvidos e outros sentidos capazes de perceber a multiplicidade de sons, de cores, de vida se manifestando. A Amazônia não é um só "verde", é formada por uma infinidade de tons verdes.

Entretanto, para perceber tudo isso, é preciso ter outros olhos, outros sentidos. Você não verá só "os índios", mas aprenderá a distinguir o povo Marubo, o povo Vapixana, o povo Apurinã, o povo Ticuna, o povo Baniua, entre outros.

O mito de que a Amazônia deve salvar o mundo

Dos mitos nomeados aqui — certamente, há outros —, este talvez não seja um mito, mas uma linda realidade. E esta é a real identidade da Amazônia: ela ajudará a salvar o mundo — muito mais do que o nelore e a soja nela introduzidos violentamente — com sua imensa umidade e sua oxigenação. Ela deve cumprir esta missão, e o fará se o poderoso chefão *homo sapiens* não continuar violentando-a.

VI
A violência contida nos grandes projetos

A Amazônia sempre foi alvo de grandes projetos. Há investidas contra o bioma visando a retirar o máximo e repondo o mínimo ou nada. Em geral, deixando grandes chagas na natureza e nas populações abandonadas. Existem poucas ações, mas muito significativas e corajosas, para fazer frente contra essa volúpia do capitalismo, sempre com o preço de muitas vítimas.

Breve cronologia da devastação da Amazônia							
Época	Tipo	Autores	Vítimas	Cenário	Desejo	Meios
1519	Cultural	Espanha/ Pizarro	Povos andinos	Cabeceiras rios amazônicos	Ouro	Força militar, traição
1542	Cultural	Francisco Orellana	Povos ribeirinhos	Calha amazônica	El Dorado	Pilhagens, violências
1637	Cultural	Portugueses/ Pedro Teixeira	Povos ribeirinhos	Calha amazônica	Dilatar as fronteiras	Missões, fortes, povoamento

Breve cronologia da devastação da Amazônia

Época	Tipo	Autores	Vítimas	Cenário	Desejo	Meios
Século XVII	Flora	Sertanistas	Povos nativos Bosques	Baixo Amazonas, Negro, Madeira	Drogas do sertão	Apropriação dos conhecimentos nativos
Século XVII	Cultural	Governo do Pará	Povos do baixo Amazonas	Rio Urubu	Mão de obra	Resgate, Guerras, destruição malocas
Século XVII	Cultural Flora	Governo do Pará	Povo Torá, Mura, Mundurucu	Rio Madeira	Mão de obra Drogas do sertão	"Guerras Justas" Tropas de resgate, armas
1709	Cultural	Portugal	Povos nativos	Alto Solimões, Rio Branco	Dilatação das fronteiras	Fortes, missões
1750	Cultural	Marquês de Pombal	Povos Nativos	Solimões, Negro, Branco	Fronteiras Comércio	Missões, fortes, povoamento, Companhia de navegação
Século XVII e XIX	Fauna	Empresas comerciais Governo local	Tartaruga, peixe-boi pirarucu	Solimões, Purus, Madeira	Carne, couro, óleo	Caça, pesca, comércio legal e ilegal
Século XIX e XX	Flora Cultural	Capitalismo europeu, americano; seringalistas	Nativos, nordestinos, castilloa seringueira,	Juruá, Purus, Madeira, e afluentes	Borracha, sernambi, gomas em geral	Exploração mão de obra nativa destruição da vegetação
1889	Cultural	Casa J.C. Arana	Uitotos	Putumayo	Caucho	Escravidão

Breve cronologia da devastação da Amazônia

Época	Tipo	Autores	Vítimas	Cenário	Desejo	Meios
1940	Flora	Brasil, EEUU	Nordestinos, nativos	Juruá, Purus, Madeira etc.	Borracha	Exploração da mão de obra
1960	Solos, rios	Mineradoras	Nativos, Natureza	Roraima, Rondônia, Amapá, Pará, Amazonas	Bauxita, cassiterita, ouro, ferro, manganês, diamante	Violência, hidrovia, ferrovia, poluição contrabando
1960	Flora	Multinacionais	Natureza	Pará	Celulose, gado	Desmatamento, latifúndio
1967	Ambiental	SUFRAMA	Interiorano, natureza	Manaus	Polo industrial	Migração, incentivo fiscal
1970	Flora	Governo brasileiro	Natureza, nativos migrantes	Sul Acre, Rondônia, Sul Pará, Mato Grosso	Ocupação da Amazônia mercados produtores	Estradas, violência, Polos de desenvolvimento, migração
1970	Flora Cultural	PIN, INCRA	Nativos, migrantes, nordestinos	Traçado da Transamazônica, Acre, Rondônia	Novas fronteiras, mercado Integração Nacional	Polos econômicos, SUDAM Agrovilas, estradas
1980	Solo	Grupos econômicos, fazendeiros	Nativos, vegetação, rios	Acre, Rondônia, Pará	Pecuária	Latifúndio, violência, venenos, desmatamentos
Século XX	Flora	Madeireiras	Vegetação	Amazônia	Madeira de lei	Desmatamento, serrarias, comércio

Breve cronologia da devastação da Amazônia						
Época	Tipo	Autores	Vítimas	Cenário	Desejo	Meios
Século XX	Natureza	Conglomerados multinacionais	Povos da floresta	Amazônia	Controle de patentes	Biopirataria
Anos 1990	Bioma cerrado e amazônico	Agronegócios Monoculturas	Solos, rios	Mato Grosso, Sul Pará, Roraima Sul Amazonas, Rondônia,	Mercado mundial de grãos e carne	Violência, venenos, desmatamento, cooptação de lideranças
2000	Ambiental Cultural	Governo brasileiro Construtoras, Ibama	Ribeirinhos, nativos, rios, fauna, várzeas	Pan Amazônia	Energia elétrica Exportação agronegócio	Hidrelétricas IIRSA, rodovias
2017	Pan	Estado	Nativos Fauna/flora	Amazônia	Agronegócio	Leis liberalizantes Aparato estatal
2019	Biomas	Estado	Solos, águas, seres vivos	Amazônia	Zerar o meio ambiente	Leis, monoculturas, mineradoras, estrutura estatal

A árvore, quando está sendo cortada,
observa com tristeza que o cabo do machado é de madeira.
(Provérbio árabe)

Os grandes projetos sempre foram pensados para benefícios externos, voltados para o que se pode tirar do bioma amazônico para o interesse das potências, dos potentados, das multinacionais. Por isso, os saques se sucederam, deixando na Amazônia pobreza e destruição. O desmatamento, seja legal ou ilegal, é imoral, antiético. A ciência, a educação, o bem viver são menosprezados pelo grande capital, pelo mercado, pelo comércio, pela indústria e tudo o que é considerado desenvolvimento, civilização e progresso. Essas palavras não se sustentam diante do cenário de morte e destruição que deixam em seu caminho. É uma ideologia mortífera, cega que não deseja ver a hecatombe que estão provocando no Planeta Terra. Essa trama está toda conectada e se constitui numa Hidra de Lerna. É urgente insuflar um hálito a muitos Héracles para que a vida ressurja.

VII
A violência inserta na história
Violência contra os curumins e cunhatãs
Um aspecto da opressão geral contra os autóctones na Amazônia

A moderna cultura da barbárie

Antes das reformas introduzidas (impostas) por Mendonça Furtado, Alexandre Ferreira[1] deu a relação das leis, nada menos do que oito, que declaravam livres os autóctones, e mais três bulas de Alexandre VI, Paulo II e Benedito XIV. Tudo isso não foi suficiente para impedir a ampla e intensa opressão sofrida pelos nativos nesses mais de trezentos anos de contato com a cultura ocidental.

A chegada dos europeus na Amazônia foi marcada, desde o início, pela imposição da cultura europeia. O etnocentrismo europeu só via indecência no contato com os autóctones. Koch-Grunberg[2], entretanto, achou a palavra indecência com-

---

1. FERREIRA, ALEXANDRE R., *Viagem filosófica ao Rio Negro — fac similada*, MPEG/CNPq/FRM, [s.d.], 636.

2. KOCH-GRUNBERG, THEODOR, *Dois anos entre os indígenas. Viagem no Noroeste do Brasil (1903-1905)*, Manaus, FSDB/EDUA, 2005, 161 e 484.

pletamente fora de lugar. "Estes indígenas nus são tão decentes, como somente os humanos podem ser: não se enraivecem, não se batem; sua moralidade situa-se em alto nível, embora muitas famílias convivam em um só e mesmo espaço."

E continua descrevendo: "Eu nunca vi nem a mínima sombra dum comportamento indecente nas relações entre casados; nem brigas, nem cenas feias que na nossa 'civilizada' Europa, em certos círculos, estão frequentemente na ordem do dia". As mesmas observações foram feitas por R. Schultes[3], da Harvard University: "O melhor homem com quem tinha deparado em toda a sua vida, porque mais inteligente, mais honesto, mais bondoso, mais resistente e mais capaz, era exatamente esse caboclo malsinado" (do Rio Negro).

Além dessa decência, Von Martius[4] constatou também que os autóctones são "uma raça muito sadia e conhecidamente possuidora de grande longevidade, mas isso enquanto habita exclusivamente sua terra e não está em contato com a civilização europeia". Comenta que a mortandade deverá ser progressiva conforme contato mais estreito com a civilização europeia. Quadro terrificante! Visão tétrica apontada pelo cientista que realmente foi se concretizando.

A impressão de Agassiz sobre os nativos também é ilustrativa: "Devo dizer que os costumes primitivos dos índios da

---

3. SCHULTES, R., in BATISTA, DJALMA, *O Complexo da Amazônia: Análise do Processo de Desenvolvimento*, Rio de Janeiro, Conquista, 1976, 50.

4. MARTIUS, CARLOS F. PH. VON, *Natureza e doenças dos índios brasileiros (1844)*, Rio de Janeiro/São Paulo, Nacional, 1939, 185.

melhor classe, na Amazônia, têm muito mais atrativos que a vida pseudocivilizada das povoações da raça europeia"[5]. E das vilas dos brancos na região, afirma: "Dificilmente concebo alguma coisa de mais insípido, de mais triste e desanimador, que a vida nas pequenas vilas amazonenses, com todo o formalismo e convenções da civilização e sem nenhuma de suas vantagens"[6].

Mais adiante, ele retornou a esse assunto se referindo às mulheres:

> A vida dessas índias me parece invejável quando a comparo com as mulheres brasileiras nas pequenas cidades e vilas do Amazonas. A índia pode ter o exercício salutar e o movimento ao ar livre; conduz sua piroga no lago ou no rio, ou percorre as trilhas das florestas; vai e vem livremente; tem as suas ocupações de cada dia; cuida da casa e dos filhos, prepara a farinha e a tapioca, seca e enrola o fumo [...] tem seus dias de festa para alegrar sua vida de trabalho. Pelo contrário, é impossível imaginar coisa mais triste e mais monótona do que a existência da senhora brasileira[7].

E ele prossegue descrevendo o enclausuramento, fala da mulher brasileira, de seus dias descoloridos, sem contato com o mundo exterior, sem cultura.

---

5. AGASSIZ, LUIZ E ELIZABETH, *Viagem ao Brasil (1865-1866)*, Rio de Janeiro, Nacional, 1938, 230 e 336.
6. Idem, ibidem.
7. Idem, ibidem.

Contra uma mentalidade etnocentrista europeia de que os silvícolas não têm sensibilidade, amor ao lar, Henry Bates[8] constatou que "Através de todos os atos, o índio demonstra que seu principal desejo é ser deixado em paz; ele tem apego ao seu lar e à sua tranquila e monótona vida na selva ou à beira do rio… e sente horror em viver no meio de muita gente".

Hercules Florence estava atento ao modo de ser e de viver dos autóctones pelas paragens por onde navegou. Ele traçou uns quadros bem humanos das relações que presenciou entre as famílias.

> Esse índio formava com a mulher, um par ditoso. A cada momento estavam a brincar e a fazerem-se festas um ao outro. E, sobre seu estilo de vida diz: Tudo entre eles é simples; nada, portanto, repelente. Vão nus; também nunca vestem farrapos nem roupa suja ou remendada. O corpo está sempre limpo, disposto pela nudez em que vivem e a se atirarem por qualquer coisa à água. Desconhecem o grande princípio da propriedade; também, entre eles, não há ladrões nem assassinos, nem envenenadores, nem falsários, nem ratoneiros, nenhum desses males morais que afligem os homens civilizados […]. Livres, por lei, o são de fato, graças mais às florestas do que pelo respeito que merecem seus direitos. Dóceis, embora indolentes, são eles que fazem quase exclusivamente a

---

8. BATES, HENRY W., *O naturalista no Rio Amazonas*, II, São Paulo/Rio de Janeiro, Nacional, 1944, 40, 183.

navegação dos inúmeros rios da província do Pará. Com pouco se contentam...[9]

Desde o primeiro contato entre o europeu e o autóctone, na Amazônia, no Brasil e na América Latina, constatou-se o caráter pacífico dos nativos. "Quando os índios se mostram hostis para com os brancos, é quase certo que isso se deve a alguma provocação da parte destes, pois a verdade é que o primeiro impulso do indígena brasileiro é respeitar o europeu[10]."

Grunberg finalizou suas maravilhosas descrições dos cenários dos rios Negro e Japurá, com uma visão pessimista a respeito das nações autóctones. Com a investida de caucheiros colombianos e brasileiros, insaciáveis de lucros e truculência, "se destrói uma raça forte, um povo com excelentes disposições de espírito e coração. Um material humano, capaz de desenvolver-se, fica aniquilado pelas brutalidades desta moderna cultura da barbárie"[11].

Todo esse passado histórico ilumina o presente, mas não está sendo capaz de estabelecer uma nova relação com o diferente. A pergunta continua provocadora: que tipo de civilização foi introduzida na Amazônia que gerou e continua gerando a morte não somente das comunidades nativas como também de

---

9. FLORENCE, H., *Viagem fluvial do Tietê ao Amazonas*, São Paulo, Melhoramentos, 1941, 248, 249 e 297.

10. BATES, op. cit., 125.

11. Op. cit., 624.

todo o ambiente natural? Eis uma questão levantada há cem anos: o que tem feito essa moderna cultura da barbárie?

Uma civilização que anda para trás

"Diretor de índios" foi um cargo criado após o fechamento das missões. Era função e oportunidade de exploração da mão de obra nativa, como assinalam muitos estudiosos que percorreram os rios amazônicos, como Alexandre R. Ferreira. Os nativos resistiram muito ao tipo de campo de concentração que lhes foi imposto. O europeu estava obcecado com a ideia de que era essencial deportá-los do mato para lugares (aldeias ou vilas) na margem de um grande rio. Ferreira, bastante avesso à cultura nativa, afirmava: "Os índios são galos do campo que, por mais milho que se lhes deite, com dificuldade, se habituam às capoeiras". Uma estratégia era casar soldados com as filhas dos Principais, como tentativa de afeiçoá-los à terra e à civilização colonial. E diz ainda o naturalista: "toda a sua paixão e saudade é pelo mato que deixaram"[12].

A observação de Noel Nutels é bem realista: "Índio pacificado é índio liquidado. O índio que se civiliza anda para trás, retrocede culturalmente. Integrado, torna-se um pária"[13].

Spix e Martius, ao entrar em contato com a dura realidade dos autóctones, se questionavam sobre quais meios usa o Estado para melhorar a sorte dos filhos da terra que, até então,

---

12. Op. cit., 111, 151, 154, 204.
13. BATISTA, D., op. cit., 46.

em vez de benefícios, só receberam da Europa cristã guerra e devastação! Os juízes, diz Spix[14], quando não eram fiscalizados por eclesiásticos ou outra autoridade, oprimiam de tal forma os nativos que a maioria retomava o caminho das matas.

Apesar de toda a exploração, os diretores tinham ainda à mão uma bodega para servir ao nativo a cachaça, a fim de extorquir o que ainda lhes podia restar. Uma das formas usadas para atrair o silvícola era oferecer-lhe bebida alcoólica. A recompensa que todos davam por algum serviço que eles prestavam era oferecer cachaça. "A bebida alcoólica é, infelizmente, o único meio de manter essa gente nalgum trabalho, e a que eles próprios chamam bom", diz Ave-Lallemant[15]. "Com cachaça gastam tudo quanto podem receber", observa Hercules Florence[16]. O colono soube rapidamente explorar o uso do álcool como engodo para escravizar os nativos e sujeitá-los aos seus interesses.

Falando, a propósito dos naturais do Japurá, mas que se podia generalizar para toda a Amazônia, Spix expressava, às vezes, uma visão acentuadamente europeia sobre os nativos. Assim, ele descreve aquele povo:

> Fiquei persuadido de que esses selvagens não tinham ideia alguma do Deus bondoso, pai e criador de todas as

---

14. SPIX, C. F. P; MARTIUS, J. B., *Viagem pelo Brasil*, vol. III, Rio de Janeiro, Nacional, 1938, 322.

15. AVE-LALLEMANT, R., *No Rio Amazonas*, Belo Horizonte, Itatiaia, São Paulo, Edusp, 1980, 201.

16. Op. cit., 291.

coisas; que somente domina nos seus destinos um ente caprichoso e implacável, que os traz subjugados a um cego e inconsciente temor. A alma desses homens primitivos decaídos, não é imortal; apenas sente que existe, não pensa e só a fome e a sede lhes lembram a existência. Justamente por isso, a vida não é por eles considerada um grande bem, e a morte lhes é indiferente. O laço do amor é frouxo; em vez de ternura, cio; em vez de inclinação, necessidade; os mistérios da geração, profanados e às claras; o homem, por comodidade, meio vestido; a mulher, escrava nua; em vez do pudor, vaidade; o casamento, um concubinato que se desfaz, segundo o capricho; o cuidado do pai de família é satisfazer o grosseiro apetite do seu estômago; o emprego do tempo, crápula e inércia absoluta; a ocupação, sem regra alguma; a mulher, procriadora cega e descuidada; os seus prazeres, repugnante lascívia; as crianças, fardos para os pais e, por isso, evitadas; o pai de família, sem autoridade, sem vigilância; a educação, brincadeira, macaqueação da mãe, cega despreocupação do pai; em vez de obediência filial, medo; para a velhice, em vez de respeito, arrogância... eis como vive o homem primitivo destas selvas! No mais grosseiro grau de humanidade, é deplorável enigma para si mesmo e para o irmão civilizado do oriente, em cujo peito ele não aquece, em cujos braços se esvai e perece![17]

Um quadro bem manifesto da visão do branco, generalizado e presente em todos os segmentos da sociedade e das

---

17. *Spix*, op. cit., vol. III, 358.

atividades econômicas da região amazônica. Decorrente dessa visão, nada mais fácil e justificável do que a dominação sobre o autóctone e sua redução à escravidão. Foi difícil à civilização europeia conceber outros estilos de vida, diferentes do seu.

As mãos e os pés dos senhores

A história da Amazônia está eivada de relatos que descrevem a violência praticada, desde os anos 1500, contra a população autóctone até os dias de hoje. Igualmente, não foram e não são poucas as instruções, as leis, os decretos das diversas autoridades condenando essas violências. Nesses entreveros, acontecidos e que acontecem, seja nos escritórios, seja na imprensa, seja no chão concreto das comunidades nativas, sempre está patente a opressão que os povos autóctones padecem. "O íncola", diz Kidder, "inocente e inofensivo, foi perseguido e caçado até o mais íntimo recesso do *habitat* silvestre, como ser fora um animal qualquer"[18]. E por que ele era tão procurado? João Daniel nos dá uma visão de quanto era necessária ao colonizador a força dos autóctones ao explicar que "eles cultivam a terra, remam as canoas, extraem dos matos as riquezas, fazem as pescarias. Em resumo, 'são as mãos e os pés dos europeus'"[19].

Tendo chegado aos ouvidos do rei de Portugal os abusos que se cometiam contra os autóctones, este determinou:

---

18. KIDDER, D., *Reminiscências de viagens*, São Paulo, Martins, 1940, 201.
19. DANIEL, JOÃO, *Tesouro descoberto*, vol. II, Rio de Janeiro, Biblioteca Nacional, 1976, 171.

> Havendo visto a conta que me deu o Ouvidor Geral do Pará das vexações e dos roubos que se fazem aos índios pelos brancos nas aldeias dos sertões [...] me pareceu recomendar-vos muito o cuidado que deveis ter em evitar essas ofensas, como também em procurardes que se lhes paguem os serviços, pois a falta de tudo isso é ocasião deles se ausentarem para o mato, fugindo das aldeias, por evitarem as perseguições que lhes fazem os brancos [...][20].

Aires de Casal[21] assinalou: "O cativeiro dos indígenas, praticado em quase todas as províncias, e adotado nesta (Pará) desde a sua primeira fundação, continuava. Todos os serviços eram feitos pelos braços dos índios, dos quais cada colono caprichava qual havia de possuir maior número, pois as riquezas eram calculadas conforme a quantidade deles. As sagradas leis do Evangelho e do Estado lhes são odiosas, porque não favorecem a sua (dos administradores) insaciabilidade".

Portanto, não importavam as leis e os princípios cristãos; ter mão de obra nativa, servil ou escrava era o esforço obcecado do colono. Os autóctones eram explorados pelos senhores: "Quando o índio vem receber o seu salário, respondem-lhe que já deve ao senhor a soma dos adiantamentos por estes feitos. Em lugar de poder exigir dinheiro, ele deve trabalho", anotou Agassiz[22].

---

20. Carta régia de 9 de julho de 1716.
21. CASAL, AIRES DE, Corografia Brasílica, São Paulo, Cultura, 1945, 206.
22. Op. cit., 308.

Os missionários se viam constrangidos a distribuir os neófitos, segundo os interesses do colonizador, conforme relatou Daniel: "[...] uma parte ficava na missão; da outra parte se tiravam 25 índios para o serviço do missionário e os que sobravam eram repartidos para os moradores; a terceira parte era repartida para as canoas dos brancos que iam para o sertão e para o serviço real"[23] (ministros régios, governadores...). Por conta dessa intensa manipulação, disse ele: "Suas mulheres, quase viúvas, padeciam as maiores misérias; os filhos, as maiores fomes, que talvez nunca padeceram (*sic*)".

João Daniel percebeu bem a vileza dos brancos sobre a mão de obra nativa e viu como, sob a capa de resgate para os "miseráveis encurralados, se estendiam aos livres e a quantos podiam haver; umas vezes induzindo os régulos a darem assaltos uns aos outros, a apanharem os que pudessem para os entregar aos brancos"[24].

Os trabalhos eram tão estafantes que havia ordenação para que, de quatro em quatro meses, ou de seis em seis, as levas que estavam no trabalho fossem sossegadas e substituídas por outras descansadas. O braço nativo tinha de prover as roças dos colonos e as suas. Von Spix[25] conta o comovente caso de uma nativa que, desesperadamente, procurava não se afastar do marido, retirado à força para servir a Mendonça Furtado em sua

---

23. Op. cit., II, 209-210.
24. Op. cit., I, 231.
25. Op. cit., III, 121.

subida pelo Amazonas. Com o filhinho às costas, fez de tudo para acompanhar o esposo.

Não se pense que o nativo foi explorado somente para as lides da agricultura, dos engenhos e da coleta das drogas do sertão. Outra aberração cometida contra os nativos foi assinalada por Kidder[26]: "Agora (1839) que o índio já não pode ser ostensivamente reduzido à escravidão, é recrutado para o serviço do exército e da marinha; curioso e, às vezes, até mesmo cômico é o processo pelo qual ensinam a esses filhos das selvas as atitudes rígidas da disciplina militar". O mesmo observou Agassiz[27], em Manaus, descrevendo como os nativos eram compulsoriamente levados para o teatro da guerra do Paraguai: "A impressão geral, na Amazônia, parece ser a de que a província foi chamada a suportar a maior parte do que a que lhe devia caber no pesado encargo da guerra. Os índios, sem defesa, espalhados pelos seus aldeamentos isolados, foram particularmente vítimas". Mais adiante[28], ele descreve a cena do embarque forçado de recrutas indígenas para a guerra:

> Esses infelizes tinham as pernas presas num grosso barrote de madeira, contendo orifícios que mal davam para deixar passar os tornozelos [...]. Esses índios não compreendem por que os fazem partir. Só sabem uma coisa: é que são pegos na floresta e tratados como os últimos dos criminosos, punidos barbaramente, sem que nada

---

26. Op. cit., 169.
27. Op. cit., 352 e 362.
28. Idem, ibidem, 412.

tenham feito, e mandados se bater pelo governo que os trata desse modo.

Além da escravidão, outro abuso que sofriam as índias eram os crimes de natureza sexual. E não eram poucos. Muitos degredados a trabalhos forçados nas obras de São José da Macapá o foram justamente por terem sido acusados de fornicadores de índias[29].

Da região que vai do Maranhão ao interior amazônico, fala-se que, nos primeiros quarenta anos, talvez tenham se escravizado milhões. Se os nativos se opunham pela astúcia ou pela força, o governo lhes movia guerra de extermínio. Os diretores dos aldeamentos dispunham ao seu bel-prazer da mão de obra nativa, enviando-os a realizar os mais variados trabalhos, seja pelo interior, seja nos centros urbanos. Eram também alugados a particulares com módicos jornais.

O pavor que as comunidades nativas passaram a ter do branco era tal, que mal sabiam que por ali aportaria um deles, ganhavam o mato. Esta foi a experiência que tiveram Spix e Martius[30] no Baixo Madeira, quando, à sua chegada, os indígenas ficaram aterrorizados ante a iminência de serem levados à força para os serviços públicos. O vigário do local protestava energicamente contra esses abusos. Os governos de Belém e da Barra impunham que todas as aldeias deviam fornecer contingentes para as obras públicas.

---

29. AMARAL, LAPA, *Livro da visitação*, Petrópolis, Vozes, 1978, 31.
30. Op. cit., vol. III, 406.

Pelo interior da Amazônia, o governo imperial nomeava um chefe para controlar as comunidades nativas. Diz Bates[31] que eram verdadeiros déspotas, usando os indígenas em seu proveito particular. O chefe do Japurá tinha duzentos ao seu serviço, numa férrea disciplina.

"E matar índio é crime?"

As famigeradas tropas de resgate, até 1750, só no Rio Negro, arrancaram, segundo João Daniel[32], algo próximo a três milhões de indígenas para o cativeiro. Reporta ainda que no grande Rio Amazonas e em seus grandes afluentes e lagos "os índios eram tantos como enxame de mosquitos [...]. Só no Rio Urubu, a tropa de resgate queimou 700 populosas aldeias". Em 1729, Belchior Mendes se vangloriava do grande feito que realizara: passou pelas armas 28 mil nativos[33].

Para o colonizador, segundo carta de Pereira Caldas, a resistência dos nativos, seu regresso para a floresta, era uma crueldade que praticavam para com os moradores. Esse mesmo governador não tinha o mínimo pudor em escrever que, numa investida de nove meses, tinha conseguido prender 337 nativos e deixado mais de quatrocentos mortos pelo mato[34].

---

31. Op. cit., 210.
32. Op. cit., vol. I, 232, 258.
33. BATISTA, D., op. cit., 44.
34. FERREIRA, A., op. cit., 548, 550.

Todo o interior da Amazônia foi vasculhado pelo colonizador a fim de procurar, pelos meios, os mais bárbaros, mão de obra para seus negócios. Lá onde havia resistência, o nativo era simplesmente eliminado, como aconteceu no Rio Urubu, no Madeira e em tantos outros lugares. Se eles se opunham pela astúcia ou pela força às maléficas empresas, já era motivo para terríveis sangueiras, ou guerra de extermínio. O Rio Negro era o local preferido para os descimentos e para os colonos se suprirem de escravos. O sistema inventou um sem-número de artifícios para tornar qualquer motivo causa de guerra justa. Obrigou muitos povos nativos a guerrear contra outros povos e fazer escravos para seus negócios. Havia alguns colonos que tinham cerca de mil cativos em seus trabalhos.

Outro sistema que explorou os nativos foi o comércio do regatão. "Não respeitava os laços matrimonias nem a virgindade", diz Tavares Bastos[35]. Uma forma vil de se conseguir a anuência dos nativos para os trabalhos e para que dessem espetáculos aos arrivistas era embriagá-los. Muitas vezes, o pagamento pelos seus árduos trabalhos era um garrafão de cachaça. Os diretores das aldeias manobravam os aldeados a seu bel-prazer.

Os Passés do Alto Solimões consideravam-se em extinção quando por ali passou o naturalista Bates. Um velho tuxaua Passé exclamava, com lágrimas nos olhos, na presença do

---

35. BASTOS, A. C. TAVARES, *O vale amazônico*, São Paulo, Nacional, 1937, 365; GOULART, A., *O Regatão. Mascate fluvial da Amazônia*, Rio de Janeiro, Conquista, 1968, passim.

naturalista: "O povo de minha nação sempre foi amigo dos cariuas, mas, antes que os meus netos alcancem a velhice, o nome dos Passés estará esquecido"[36]. Araújo e Amazonas[37], a propósito dos Passés, afirma: "Foi fácil, por sua docilidade e tendência à civilização, adquiri-los à sociedade. São laboriosos e dados à agricultura". Eles estão na base da malha urbana do Amazonas (Manaus, Coari, Fonte Boa, Ega…). Alexandre Rodrigues Ferreira, em sua *Viagem filosófica*, fala da presença de Passés também no alto Rio Negro[38].

Uma vez descoberta a potencialidade da goma elástica, os nativos tiveram uma nova onda de violência, barbárie e extermínio. Esse fato levou Koch-Grunberg a bem assinalar: "Até onde avançam os coletores de caucho, não sobram mais condições de vida para os indígenas"[39].

Um dos rios mais opulentos dessa matéria-prima foi o Purus. Ali, em poucas décadas, de um total de cerca de 40 mil nativos, sobraram menos de oito mil[40].

Os caucheiros colombianos e peruanos foram particularmente bárbaros para com as comunidades autóctones, usando os meios mais violentos para extorquir a sua força de

---

36. Op. cit., 228.

37. AMAZONAS, LOURENÇO DA SILVA ARAÚJO E, *Dicionário topográfico*, Manaus, 1984, 128.

38. Idem, ibidem, 145.

39. Op. cit., 31.

40. KROEMER, GUNTER, *Cuxiuara. O Purus dos indígenas*, São Paulo, Loyola, passim, 1984.

trabalho[41]. A situação era tão desesperadora que o Papa enviou um legado seu para fazer o levantamento da situação, resultando daí o documento *Lacrimabili statu indorum*[42]. Esses caucheiros não se precipitaram somente contra os autóctones, mas também contra as florestas de caucho (castilloa), provocando um estrago medonho na natureza.

Um determinado juiz, interrogando um réu, no Acre, em meados do século XX, ouviu dele esta pergunta desconcertante: "E matar índio é crime?"[43].

O tráfico de crianças

Já se percebe que, neste quadro, a parte mais frágil é a criança. Os curumins e cunhatãs padeceram os mesmos horrores que seus pais e as comunidades ao longo destes séculos. Pai escravizado ou morto, mãe escravizada, morta ou reduzida ao mercado sexual, significava o abandono, a morte ou também a escravização das crianças. É o que explica Daniel, ao dizer que, "Por conta dessa intensa manipulação, suas mulheres, quase viúvas, padeciam as maiores misérias; os filhos, as maiores fomes, que talvez nunca padeceram (*sic*)"[44].

---

41. COLLIER, R.; JAQUE AL BARÓN, LIMA, CAAP, 1981, passim.
42. IPAR, *Revista Amazônia em Outras Palavras*, ano V, n. 8, jan.-jun./2003, Belém, 38.
43. Batista, op. cit., 50.
44. Op. cit., vol. II, 210.

As comunidades ameríndias foram e são vítimas das mais execrandas vexações, incidindo essas brutalidades de maneiras próprias sobre adultos, mulheres, jovens e crianças.

Vejamos alguns infortúnios dos quais padeceram e padecem os curumins e as cunhatãs. De forma geral, a violência tem os mesmos efeitos daquela que acontece sobre qualquer criança em qualquer lugar do mundo e em qualquer cultura. Ela não precisa ser diretamente atingida para sofrer as dores. Essas são sentidas quando a sua família, a sua comunidade ou a sua cultura são atingidas.

O Rio Negro foi o maior abastecedor de escravos para os colonos vindos de Belém e arredores. Induziam as tribos a guerrear e capturavam homens, mulheres e crianças para vender como escravos. Os cabos que conduziam as canoas reclamavam que perdiam um terço e até metade de um carregamento de escravos na jornada de cinco a seis semanas do Rio Negro ao Pará. Era um processo de desintegração social. Uma das incontáveis crianças capturadas foi Francisca, que, mais tarde, em Belém, moveu um processo para provar a sua liberdade, num belo exemplo de coragem vindo da cultura autóctone. Sua reivindicação foi aceita, mas, infelizmente, a sentença final confirmou sua situação de escrava[45], pois prevaleceram os interesses da classe dominante.

O mercado de trabalho incluía todos os indivíduos da aldeia. Uma lei, a respeito dos salários dos nativos, estipulava

---

45. Anais da Biblioteca e Arquivo Públicos do Pará, Belém, tomo XIII, 290.

que os meninos (curumins) até a idade de 13 anos recebessem 600 reis por mês; que as meninas até a idade de 12 anos vencessem 400 réis por mês[46]. Daniel[47] esclarece que as autoridades das vilas mandavam seus funcionários pelos rios acima a buscar indígenas para os trabalhos urbanos e rurais (levavam uma Portaria). Eram "recrutados" nativos a partir dos 13 anos.

As crianças padeciam quando seus pais eram empregados de forma compulsória ou escravizados no serviço dos colonos, na colheita das drogas do sertão e no serviço de milhares de canoas que varavam o intrincado das águas amazônicas e dos trabalhos públicos (arsenal, fortificações, construções, expedições contra negros amocambados ou indígenas inimigos). Manter os nativos nas povoações era preocupação constante das autoridades. Se eles ganhavam os matos, eram perseguidos e maltratados.

Diversos cientistas e naturalistas, quando de sua passagem por Manaus, eram levados para conhecer um centro educacional onde se dava instrução e se ensinava ofícios a crianças. Agassiz[48], que nomeia o local como "escola das crianças índias", também ficou admirado com o bom serviço ali prestado aos curumins, mas acrescenta: "Teríamos trazido daí a mais feliz das impressões, se não tivéssemos sabido que nesse orfanato se retém, às vezes, sob pretexto de instrução a ministrar, pobres

---

46. Ferreira, op. cit., 638.
47. Op. cit., II, 57.
48. Op. cit., 250.

criaturinhas que ainda têm pai e mãe e que foram subtraídas às tribos selvagens". Explicaram a Agassiz que era preferível esse estado de coisas àquele em que vivia a criança no mato. Agassiz duvidava desse tipo de caridade efetuada por meio da violência.

Daniel explicava os sofrimentos dos autóctones, particularmente das mulheres, e seu reflexo sobre os filhos. O que se pedia aos nativos acabava sendo uma imposição, pois eles deviam fazer as coisas por bem ou por mal. "E se obrigam também as que têm crias e filhinhos e se veem precisadas ou a deixá-los expostos a mil misérias, ou a carregá-los para casas estranhas, onde padecerão outras mais."[49]

Muitas vezes, a própria prática missionária incorria em violência contra os curumins, já que se caía na tentação de enviar alguns para as vilas a fim de aprenderem a cultura e o cristianismo e depois serem introdutores em suas aldeias ou missões como catequistas[50].

Os juízes, que deviam zelar pelas povoações, mancomunavam-se com os senhores da terra contra os nativos. Foram estabelecidos juízes brancos, sobretudo nas fazendas situadas nas barras, ou em outros pontos adequados dos rios do sertão, para onde os brancos costumavam fazer expedições. Os juízes da colônia do Japurá-Içá, geralmente cidadãos de Ega (Tefé), arrogavam-se o direito de oprimir os nativos, empregando-os,

---

49. Op. cit., II, 213.
50. Daniel, op. cit., II, 258.

sob o pretexto de serviço público, unicamente em seu uso particular. Esses juízes, dizem Spix e Martius[51], quando não eram fiscalizados por eclesiásticos ou outra autoridade, oprimiam de tal forma os nativos que a maioria retomava o caminho das matas. "Os Diretores de Índios que deviam zelar pelos autóctones eram os que mais oprimiam as comunidades. Enviavam crianças indígenas para famílias influentes das cidades"[52]. Era um tráfico que alimentava o trabalho doméstico semiescravo.

Essas autoridades eram, muitas vezes, associadas aos regatões. Eles compravam nativos ou tomavam-nos à força para depois dá-los de presente ou negociá-los. A predileção maior era por crianças, porque eram muitas as encomendas que faziam os moradores aos regatões. Essa nefanda prática era conhecida das autoridades. O governo do Pará, em 1862, dizia: "Rude, embora o índio ama (*sic*) a sua família e preza (*sic*) os ternos filhos. Pois bem, é o santuário da família, é o regaço do amor paternal, o terreno em que o regatão exerce, às vezes, a sua mais brutal ferocidade. Quando não seduz a esposa, rapta a filha e, quase sempre, arranca do grêmio da família ternas crianças que, em seu regresso aos povoados, reparte entre seus comparsas"[53].

O naturalista Alfred R. Wallace, em suas navegações pela Amazônia, pôde constatar a mesma atrocidade:

---

51. SPIX; MARTIUS, *Viagem pelo Brasil*, III, 322.

52. Cf. romance de MICHELINY VERUNSCHK, *O som do rugido da onça*, São Paulo, Companhia das Letras, 2021.

53. Francisco de Araújo Brusque foi presidente da Província do Pará entre 1861 e 1863.

> O senhor... havia recebido duas encomendas da Barra, uma das quais era do delegado de polícia, cada qual concernente a uma rapariga índia. Como o senhor... era um velho já experimentado em tais negócios, estava agora combinando com Bernardo a respeito de um ataque que este deveria levar a efeito, para o que lhe forneceria pólvora e chumbo (pois aquele índio tinha uma espingarda), bem como algumas mercadorias, estas para ele pagar aos outros índios que fossem ajudá-lo na empresa, e, ao mesmo tempo, fazer um pouco de negócio, se houvesse oportunidade para tal[54].

Assim eram servidas, sobretudo as praças de Manaus e Belém, pelos negociantes. Estes arranjavam meninos e meninas encomendados, assim como se encomendava um macaco ou algum outro animal de estimação. Tavares Bastos[55] também denunciou prática tão nefanda: "Os juízes de órfãos mandavam e continuam a mandar diligências pelos lugares de suas jurisdições, especialmente incumbidas de trazer ranchos de curumins, meninos e meninas tapuios, para distribuir pelos seus amigos e pessoas consideradas no termo respectivo". Essa prática era generalizada na Amazônia e exercida a princípio pelos governos provinciais.

Agassiz[56] observou em Monte Alegre a cena de um casal nativo que pediu ao comandante que levasse consigo um dos

---

54. WALLACE, ALFRED R., *Viagens pelo Amazonas e Rio Negro*, São. Paulo, Nacional, 1939, 386.
55. Op. cit., 351.
56. Op. cit., 459.

filhos de uns oito anos: "Isso não é raro entre eles. Estão sempre prontos a ceder seus filhos se com isso podem lhes assegurar o sustento e talvez, quem sabe, também alguma das vantagens da educação".

José Veríssimo, contando o caso da menina Benedita, relatou: "Mal completara sete anos quando os pais, uns caboclos do Trombetas, deram-na a Felipe Arauacu, seu padrinho de batismo, que a pedira e fizera dela presente à sogra: 'Aqui está, disse-lhe, que eu trouxe para dar fogo para o seu cachimbo'"[57].

Os lugares favoritos para adquirir esse tipo de "brinquedo" era o Purus, o Madeira e o Solimões. Em Monte Alegre, Veríssimo[58] viu pessoalmente o juiz de órfãos dar uma criança indígena de presente.

Pouco antes da criação da província do Amazonas, o presidente da Província do Pará[59], explicando o estado das missões na região, dizia do missionário Frei Pedro de Ceriana, que atuava em Vila Bela, e o conflito que teve com os moradores, pois esses desejavam prover-se dos indígenas missionados, que "as crianças para brindes, as mulheres para criadas e os homens para o serviço braçal".

---

57. VERÍSSIMO, JOSÉ, *Scenas da vida amazônica. Com um estudo sobre as populações indígenas e mestiças da Amazônia*, Lisboa, Tavares Cardoso, 1886, 141.

58. As populações indígenas, *Revista do IHGB*, II, 468.

59. Jerônimo Francisco Coelho, Falla, 1º de agosto de 1849.

No ano de 1879, o Barão de Maracaju, presidente da Província do Amazonas, em circular aos juízes de Direito de todos os municípios, determinava:

> Tendo chegado ao meu conhecimento que, apesar da terminante recomendação [...] continuam os índios dos rios Solimões, Juruá, Purus e outros da Província a não ser tratados como homens livres pelos indivíduos que os empregam na extração da borracha e outros serviços; chamo de novo a atenção de V. Sa. para tão criminoso procedimento, a fim de que tome a respeito enérgicas providências, bem como contra aqueles que, abusando da ignorância dos mesmos índios, arrancam-lhes os filhinhos a troco de artigos com que os engodam [...]. E não devendo estes inocentes continuar no poder dos que os obtêm por tão criminoso meio, mande-os entregar na forma da lei a quem dê garantias seguras da educação compatível com o estado deles[60].

Anos depois, em 1881, Sátyro Dias recebia notícias de que estavam sendo distribuídos curumins a moradores de Manaus. Ele conseguiu localizar dois que foram encaminhados à Escola de Artífices de Educandos[61]. Seu sucessor, Alarico José Furtado, não conseguiu localizar os pais dessas crianças e se posicionou contra esse abuso de arrancar curumins e cunhatãs de suas

---

60. Presidente Barão de Maracaju, *Falla*, 11/2/1879.

61. PROVÍNCIA DO AMAZONAS, *Exposição com que o Exmo. Sr. Dr. Satyro de Oliveira Dias Ex-presidente da Província do Amazonas passou a administração da mesma ao Exmo. Sr. Dr. Alarico José Furtado, em 16 de maio de 1881*, Manaus : Typ. do "Amazonas" de José Carneiro dos Santos, 1882.

malocas para serem vendidos a mercadores e seringalistas e a famílias influentes da capital[62].

Mercadores da Barra iam ao Rio Madeira infelicitar os autóctones. Atiravam sobre as famílias sem motivo algum e, mortos os pais, levavam as crianças para trabalhar como criados domésticos[63]. Bates ouviu ainda relatos os mais tristes de como os caçadores de escravos subiam o Negro e o Solimões para prear os nativos. E ele constatou, em meados do século XIX, uma prática ainda generalizada de se comprar crianças nas comunidades nativas[64]. Em Tefé (Ega), o naturalista disse que todos os empregados domésticos eram selvagens que antes viviam na beira dos rios vizinhos (Japurá, Solimões, Içá):

> Encontrei ali indivíduos de pelo menos dezesseis tribos diferentes, a maioria dos quais havia sido vendida quando ainda criança pelos caciques indígenas. Esse tipo de tráfico de escravos, embora proibido pelas leis do Brasil, é tolerado pelas autoridades porque sem ele não seria possível obter criados. [...] Os rapazes geralmente fogem, valendo-se dos barcos dos mercadores. Quanto às moças, são geralmente maltratadas por suas patroas[65].

---

62. PROVÍNCIA DO AMAZONAS, Nota, *Exposição com que ao Exm. Sr. Dr. Romualdo de Souza Paes de Andrade passou a administração da província o Exm. S. Dr. Alarico José Furtado, no dia 7 de março de 1882*, Manaus: Typ. do "Amazonas" de José Carneiro dos Santos, 1882.
63. BATES, op. cit., 125.
64. BATES, 133.
65. BATES, 207.

Explicou ainda o naturalista que "a taxa de mortalidade é muito alta entre as infelizes crianças, logo que chegam a Ega". Conta o caso:

> José, o meu ajudante, no último ano de nossa permanência em Ega, 'resgatou' [um eufemismo usado ali em lugar de 'comprou'] duas crianças, um menino e uma menina, por intermédio de um mercador do Japurá. O menino devia ter uns 12 anos [...]. A função dessas crianças indígenas é encher os potes de água do rio, apanhar lenha na floresta, cozinhar, ajudar a remar a canoa[66].

"Quanto à menina", disse Bates, "veio com a segunda leva de crianças (estavam) todas atacadas de febre. O velho índio que a trouxe até a porta disse apenas: 'Aqui está a encomenda' e desapareceu... Descobrimos que pertencia à tribo dos Miranhas". Essas tristes observações de Bates concluem:

> Dezenas de crianças desamparadas morrem em Ega ou em viagem [...]. São capturadas no decorrer das sangrentas incursões feitas por uma facção dos Miranhas, no território de outra facção, sendo depois vendidas a mercadores em Ega. As aldeias são atacadas de surpresa, e seus homens e mulheres são mortos ou escorraçados para o mato sem que tenham tempo de salvar os seus filhos[67].

Os indígenas eram estimulados a essas ações pelo atraente mercado de crianças ativado pelos mercadores de Tefé.

---

66. Idem, ibidem.
67. Idem, ibidem.

As esposas dos governadores e dos militares portugueses mostravam-se sempre muito interessadas em conseguir crianças indígenas para o serviço doméstico. As meninas aprendiam a costurar, a cozinhar, a tecer redes, a fazer renda de bilro[68]...

Quando Robert Ave-Lallemant[69] realizou sua viagem pelo Rio Amazonas (em 1859), visitou, em Manaus, como o fizera o casal Agassiz, o instituto de educandos, então, assinalou: "Meninos, quase todos índios, perambulando sem nenhuma vigilância e ameaçados de vagabundagem, são recolhidos a esse instituto e transformados em homens trabalhadores e úteis... um esmero e desvelo na direção desse instituto, fundado a expensas do Estado e na educação de 19 meninos ali internados". O que mais chamou a atenção de Ave-Lallemant foi a destreza dos internos na arte musical.

Não se pense que essa horrorosa prática de tráfico de crianças indígenas foi coisa dos anos 1800 para trás. Koch-Grunberg, no início dos anos 1900, quando de sua estadia com os Maku, anotou:

> O chefe de Pary-Cachoeira mostrou-me um documento escrito, herdado do seu pai, que foi dado e assinado por Pe. Venâncio. O documento contém dez itens que o finado chefe devia jurar a cumprir. Um dos itens proibia expressamente a vender os Maku como escravos. Estes bons ensinamentos foram esquecidos ou nunca

---

68. BATES, op. cit., 228.
69. AVE-LALLEMANT, op. cit., 117.

cumpridos, porque até os dias de hoje floresce a lucrativa venda das crianças Maku[70].

Os caucheiros colombianos assolaram a região do alto Rio Negro. Quando Koch-Grunberg passou por ali, o que mais ouvia eram as lamentações dos nativos. Um lhe contou o seu sofrimento: "Os colombianos tinham levado consigo o seu filho para o sítio deles no alto Caiary, e não o deixavam voltar, embora ele (o pai) tivesse ido lá"[71]. Grunberg[72] também presenciou a cena de uma moça que se encontrou com um remador dele (de Grunberg) e descobriu que ele (o remador) era o pai da moça. Ela havia sido comprada, ainda criança, em troca de uma calça.

O francês Auguste-François Biard, passando por Manaus, em 1862, descreveu a sua partida dessa cidade:

> No dia seguinte, depois do café, partimos numa canoa tripulada por seis índios, cada um com a sua pá [...]. O piloto era um selvagenzinho de dez anos de idade, recolhido há uns meses pela família do comandante das armas. Não sabia explicar aonde ia nem de onde vinha e mostrava-se vaidoso da camisa e das calças que vestia[73].

Outro exemplo, este vindo do Acre, do povo Apurinã. Djalma Batista, comentando a propósito de Raimundo Morais, grande escritor das coisas da Amazônia, escreveu:

---

70. KOCH-GRUNBERG, op. cit., 286.
71. Idem, ibidem, 422.
72. Idem, ibidem, 608.
73. BIARD, AUGUSTE-FRANÇOIS, *Dois anos no Brasil*, São Paulo/Rio de Janeiro, Nacional, 1945, 204.

Seringalista do Alto Iaco, recebeu de presente uma remanescente da tribo Apurinã, recém-nascida, a quem criou, com desvelo, fazendo-a educar em colégio belemense, com ela se casando depois e levando-a de novo ao seringal. Pois a bela Corina, quando descobriu sua crônica, reencontrando um grupo da tribo, escolheu a volta aos ancestrais, unindo-se ao tuxaua Cauré[74].

No Purus, a partir do ciclo da borracha, disse Darcy Ribeiro: "as crianças robustas, que prometiam moças fornidas para o amor e para o trabalho, e os meninos mais vigorosos, que podiam dar bons trabalhadores, eram levados pelo patrão"[75]. Ele relatou também o que fez, em 1912, o seringueiro José Marques de Oliveira. Contou que ele "criava dois meninos da tribo Kanamari, tirados violentamente dos pais, cuja entrega lhe era insistentemente solicitada. Uma noite, conseguiram libertar as crianças". O seringueiro vingou-se de modo tão truculento que até crianças da maloca foram jogadas num igarapé e ali mortas a bala.

O Rio Purus, mais intensamente vasculhado a partir de 1850, também foi palco de violências contra crianças nativas. Acreditava-se que, por meio da catequese e da civilização de crianças, chegar-se-ia a civilizar todo o povo. Tal método também foi utilizado pela missão protestante que se estabeleceu no Purus, em Huitanahã, em 1870.

---

74. BATISTA, DJALMA, op. cit., 48.
75. RIBEIRO, DARCY, *Os índios e a civilização*, 6ª ed., Petrópolis, Vozes, 1993, 46.

Aproveitavam o sistema reinante de exploração dos comerciantes, que recolhiam crianças, vendidas ou atraídas à força de promessas e de engano [...]. O comércio com as crianças indígenas era tolerado e apoiado pelo governo. Tentavam incutir nas crianças, desde cedo, as glórias e vantagens da civilização branca. O método de recrutá-las, através de internatos, fazia com que ficassem fora da influência dos pais, submissas a toda sorte de destribalização e desintegração de sua cultura indígena [...]. O objetivo dos internatos era instruir as crianças, a fim de modificar o "caráter selvagem" das mesmas, como ensaio de catequese e civilização. Florescia o tráfico de crianças indígenas se os missionários logo obtinham sucesso[76].

Ehrenreich que esteve nos rios Amazonas e Purus, escreveu: "Tornou-se um efeito sumamente desmoralizador o comércio que se fez das crianças índias em toda a região seringueira do vale do Amazonas"[77].

A corajosa denúncia de Francisca

Em Belém, na residência de dona Anna de Fonte, Francisca começou seu duro aprendizado de servente doméstica. E nesse ofício permaneceu por vinte anos, tempo mais que suficiente para esquecer sua língua manau e seus costumes. Ela

---

76. KROEMER, GUNTER, *Cuxiuara, o Purus dos Indígenas*, São Paulo, Loyola, 1985, 75.

77. EHENREICH, PAUL M. A., Viagens nos rios Amazonas e Purus, *Revista do Museu Paulista*, vol. XVI, [s.d.].

sobreviveu à terrível epidemia de varíola que devastou o Estado. Pode ter se beneficiado da experiência pioneira de inoculação realizada por Frei José de Madalena[78], frade carmelita de Belém, pioneiro na Amazônia no trato dessa terrível doença.

Identidade de Francisca. Nascida entre 1700 e 1705, indígena escravizada da cidade de Belém do Pará, natural do Rio Negro, passou a infância na Ilha de Timoni, na Foz do Rio Branco. Foi capturada pelos *Manaós* e passou a ser propriedade do chefe Amu; depois, foi levada para o Pará, em 1718.

O desejo de busca por escravos indígenas, sobretudo no vale do Rio Negro, era insaciável, e já não era mais possível atender a essa volúpia lusitana colonizadora. Os indígenas eram mão de obra comprada, sequestrada, caçada pelo colonizador pelos rios do interior da Amazônia. Quem podia equipava uma canoa para ir ao interior procurar não só as drogas do sertão, mas também indígenas para serem escravizados. O chefe manaó Amu, de Timoni, deu a um comerciante paraense a jovem Francisca para que fosse companheira ou criada de Rosaura, sua filha, que, por sua vez, a deu em casamento a um cabo de canoa de Belém, como sinal de paz. Francisca era uma pessoa livre e, além do mais, o cabo não trazia capelão a bordo para questionar se as pessoas deviam ser consideradas escravas ou não. Francisca viajou rio abaixo sem documentos.

---

78. Charles-Marie de la Condamine registrou esse fato quando escreveu sua obra *Viagem na América Meridional descendo o Rio Amazonas* entre 1735 e 1745 (Cidade do Panamá, Epasa, 1944).

O carregamento de escravos desceu o rio rumo a Belém numa jornada de cinco a seis semanas. As condições de transporte eram horríveis, por isso, cerca de metade do "carregamento" morria antes de chegar à capital do Grão-Pará. Essas canoas lembravam os navios tumbeiros que transportavam os escravos africanos.

Francisca solicitou às autoridades coloniais portuguesas a sua liberdade, pois entendia que tinha sido capturada no sertão amazonense e reduzida ilegalmente à condição de escrava. Ajudada pelo procurador dos Índios em Belém, reuniu testemunhas idôneas para provar sua condição perante o ouvidor-geral. Francisca compareceu pessoalmente perante o ouvidor, bem como as testemunhas de ambos os lados, a maioria, homens. A viúva, dona Anna, era por demais decente para aparições públicas, e seu testemunho teve de ser tomado por um escrivão na privacidade de sua casa. Não se deu crédito ao alfaiate, amante de Francisca, por ser parte interessada no caso. Por mais estranho que pareça, Rosaura, que conhecia bem a história, não foi chamada para depor. Também não se levou em consideração o testemunho de Apolinária, que fora para Belém com Francisca, por ser "índia da terra, pobre, vil e infame prostituta". Na sociedade colonial, muitas escravas negras ou índias eram inseridas no ofício de prostituta, como fonte de lucro certo para seus donos. O que teria atraído essas pessoas a se unir para libertar um dos seus membros da opressão?

Dona Anna defendeu seus direitos de propriedade sobre Francisca chamando por testemunhas cidadãos respeitáveis, bem-falantes, alfabetizados, e todas as pessoas, exceto uma, eram brancas. Nenhuma era testemunha ocular; todos depuseram com base no que tinham ouvido falar.

O ouvidor considerou que Francisca deveria ser considerada livre, pois sua senhora não tinha documento legítimo de escravidão. Dona Anna recorreu, então, à Junta das Missões (prelados, bispo e governador), que reverteu a decisão do ouvidor.

A justiça pronunciou-se a seu favor, mas a sua proprietária apelou para a Junta das Missões, responsável pela supervisão da administração dos indígenas domésticos do Pará. O veredicto final deu ganho de causa à sua proprietária, e Francisca foi obrigada a permanecer escrava. Francisca continuou sendo considerada uma escrava de resgate ordinário, comprada por Dona Anna para a servir a vida toda, e permaneceu no rol das mulheres esquecidas, no grupo humano mais desprezado e oprimido.

Era comum, nos julgamentos na sociedade colonial, não se levar em consideração os depoimentos e testemunhos de indígenas, negros, escravos e pobres em geral. No final, sempre prevalecia a palavra do civilizado, do cristão, do governante[79].

Na superfechada e opressora sociedade colonial amazônida, um pequeno número de colonos mantinha a população autóctone, a afro desterrada para a Amazônia, os mestiços decorrentes dessas uniões e os pobres em geral na mais dura

---

79. Cf. DAVID G. SWEET, in *Anais da Biblioteca e Arquivo Público do Pará*, Belém, Secretaria de Estado de Cultura, Desportos e Turismo, 1983, tomo 13, 283.

opressão. Como não só os portugueses tinham grandes interesses na Amazônia, mas também ingleses e holandeses, esses invasores procuravam aliados entre os povos autóctones, jogando, dessa maneira, indígenas contra indígenas. Incentivavam guerras entre eles para que capturassem uns aos outros e, assim, fossem considerados escravos para os colonizadores.

A violência contra os africanos

Os africanos chegaram à Amazônia de forma compulsória, forçados a trabalhar para os colonizadores. Via Belém, o primeiro contingente chegou em 1692. Entre 1757 e 1820, entraram por Belém 53.720 escravos. Manaus, capital da Província do Amazonas, no ano em que se decretou a libertação dos escravos, 1884, tinha 1.501 escravos[80].

Por outra porta amazônica foram introduzidos os africanos: o vale do Rio Guaporé. Por conta da descoberta de minas de ouro, a região floresceu à sombra da pequena e opulenta Vila Bela da Santíssima Trindade, sede da capitania de Mato Grosso. Tanto pelo interior de Rondônia[81] como pelo Baixo Amazonas, os africanos constituíram muitos quilombos[82]. Foram locais de

---

80. ITUASSÚ, OYAMA CESAR, *Escravidão no Amazonas*, Manaus, Metro Cúbico, 1981.

81. FARIAS JÚNIOR, EMMANUEL ALMEIDA, *Negros do Guaporé*, Manaus, UFAM, 2011.

82. SALLES, VICENTE, *O negro no Pará sob o regime da escravidão*, Belém, Ministério da Cultura/Secretaria de Estado da Cultura, 1988; BASTOS,

refúgio para muitos oprimidos pelo sistema: escravos, autóctones, marginalizados brancos e mestiços. Tinham uma economia diversificada e boa organização social.

Na era pombalina, a política demográfica e social dava nítida preferência ao ariano e ao autóctone. Intensificava-se a promoção de casamentos de brancos com nativas. Procurava-se afastar ao máximo a miscigenação com o elemento africano. Era uma segregação social e um desincentivo à miscigenação, pelo menos até por volta de 1870.

> Repugnava ao colonizador que chamassem aos nativos de negros, coisa injusta e escandalosa, pois isso insinuava, com a infâmia e a vileza deste nome, persuadir-lhes que a natureza os tinha destinado para escravos dos brancos[83].

O governo de Joaquim de Melo e Póvoas

> insuflou nos moradores (de Manaus) os casamentos mistos. Para tirar aos brancos e aos índios todo pretexto de contágio com a outra raça, um decreto régio declara infames os que se casem com as negras, ou, vice-versa, as mulheres brancas e as índias que se ajuntem aos negros[84].

AURELIANO C. TAVARES, *O valle do Amazonas* (Brasiliana, vol. 106), São Paulo, Nacional, 1937.

83. FERREIRA, ALEXANDRE RODRIGUES, *Viagem filosófica ao Rio Negro*, ed. fac-similada, MPEG/CNPq/FRM, 637; Presidente Barão de Maracaju, Falla, 11 fev. 1879.

84. MIRANDA, B., *A cidade de Manaus*, Manaus, Ed. Umberto Calderaro, 1983, 8.

A luta por liberdades na época da Cabanagem, na Amazônia Oriental, marcou um momento de forte afirmação cultural e racial[85]. Os rejeitados pela sociedade, assim como os indígenas, tinham mais ou menos a mesma sina, o mesmo conceito social, passavam pelas mesmas discriminações, bem como os escravos, os pardos, os tapuios... Então, organizaram um motim para se unir e destituir a ordem vigente. Esse grupo era conhecido como a gentalha do Partido Nativista.

> O partido nativista, em má hora chamou em seu auxílio os mestiços fanáticos e ignorantes e a população indígena. (Como o novo presidente mandou prender o líder popular Vinagre), a vingança que se seguiu foi terrível. Imensa horda de gente de cor, semi-selvagem, reuniu-se em recantos esconsos, atrás do Pará, e em dia aprazado... toda essa malta penetrou na cidade, surgindo de várias trilhas da floresta que a cerca. Travou-se nas ruas cruenta batalha que durou nove dias. (As pessoas pacíficas e ordeiras se refugiaram em navios e se afastaram). Cidade e província ficaram entregues à anarquia. A gente de cor, embriagada pela vitória, proclamou a matança de todos os brancos (e dos pedreiros livres = maçons)[86].

Mesmo no período mais popular do governo cabano de Eduardo F. N. Angelim, as menores insinuações de rebelião ou de ideais mais ousados (como da libertação dos escravos) foram duramente reprimidas.

---

85. RAYOL, DOMINGOS ANTÔNIO, *Motins políticos III*, Belém, UFPA, 1970.
86. Idem, 934-935, 1028-1031.

> Foi fuzilado Joaquim Antônio, oficial da milícia rebelde... e que proclamava uma liberdade a seu jeito, incluída a de escravos em geral. [...] Foi fuzilado um preto, chefe de insurreição do Rio Guamá [...]. Insurgindo-se os escravos no Rio Acará e noutros distritos, ordenei ao meu irmão Geraldo F. Nogueira para que os fizesse conter [...] em atos de resistência foram mortos alguns e outros surrados [...]. Alguns homens de cor se reuniram de noite em várias casas e tratavam de açodar no melhor plano para depô-lo [...]. O preto João do Espírito Santo, mais conhecido por Diamante, homem de mau coração e rancoroso, quis vingar-se de contrariedades que imputara àquele e reunindo os seus comparsas, organizou clandestinamente um corpo que denominou de guerrilheiros. Era comandante do Porto do Sal. [...] "Nós, abaixo assinados, os súditos portugueses na cidade e província do Grão-Pará, fugidos à cruel e feroz perseguição feita pelos tapuios, negros e carafuzes, contra toda a qualidade de brancos..."[87]

A Cabanagem fez aflorar sentimentos represados de longa data pelos oprimidos, denominados por Rayol de índios, pretos, mestiços, gente de cor, tapuios e seus descendentes.

> Parece que o movimento sedicioso tinha degenerado em ódio de raças, ódio nascido de vexames e extorsões de que se julgavam vítimas os índios, os pretos, os mestiços e seus descendentes; ódio entranhado desde os tempos coloniais e sufocado por muitos anos, o qual irrompera

---

87. Idem, ibidem.

nesses dias nefastos contra os opressores verdadeiros ou imaginários daqueles. Não há outra razão para tanta fereza da parte dos rebeldes, que manifestavam em todos os seus sentimentos atos sentimentos represados de vingança[88].

Bates registra que houve tentativa de introdução de trabalhadores brancos vindos da Europa, mas sem sucesso:

> No Pará, o português Danin (1848) queixou-se da falta de braços. Diz que tinha feito grandes esforços para introduzir trabalhadores brancos, mas fora malsucedido, depois de ter mandado vir gente de Portugal e de outros países para trabalhar como empregados. Todos o abandonaram depois de pouco tempo de chegados. A abundância da terra sem dono, a liberdade existente, o estado de coisas produzido pela vida semisselvagem nas montarias e a facilidade com que se pode obter a subsistência com pouco trabalho tentam mesmo os mais bem-intencionados a abandonar o trabalho regular logo que podem. Queixou-se também da carestia de escravos, devida a proibição do tráfico africano[89].

Muitas histórias permaneceram na mente de descendentes dos cabanos e dos escravos. As marcas dos diversos padecimentos sempre afloram como as mais sentidas e constituem arquivos que alimentam opções e reações de vida no presente.

---

[88]. Idem, ibidem.

[89]. BATES, HENRY W., *O naturalista no Rio Amazonas*, II, São Paulo/Rio de Janeiro, Nacional, 1944.

> Meus pais me falavam que a Cabanagem surgiu de repente nos lugares, nas fazendas, [...]. Só os brancos tinham bens. Preto, aliás, escravo, não teve nada na vida. Os brancos tiravam dos pretos. Os brancos eram tão ricos porque os pretos trabalhavam por eles. Eram mandados. Tudo o que faziam era para eles. Não eram donos do seu serviço. Escravatura era perigoso: os brancos faziam dos pretos escravos. Reclamavam, aí vem (*sic*) morte ou castigo. Tinha que sofrer tudo. Escravatura era só trabalhar. Fugiram para o mato. Os donos tinham que buscar. Voltavam de novo. Tem mocambo por essas cabeceiras porque fugiram[90].

Outra cena terrificante para sertanejos nordestinos e escravos cearenses foi o "exílio" forçado para outros centros econômicos do Brasil. Enquanto boa parte dos flagelados pelas secas de 1870, no Ceará, era dirigida (induzida, forçada) para a região Amazônica, os escravos eram comprados, no interior do Estado, por um ínfimo preço, ou trocados por uma bagatela de comida. Eram levados para a capital e vendidos, por alto preço, para os fazendeiros do Sul. Esse tráfico era feito, sobretudo, por italianos. Em 1878 saíram pelo porto de Fortaleza 2.909 escravos para o Sul do Império.

> Era um quadro desolador o embarque desses desgraçados. Todos uniformizados de fazenda azul de algodão, acompanhados pelo corretor, espécie de hiena

---

[90]. THORLBY, TIAGO, *A Cabanagem na fala do povo*, São Paulo, Paulinas, 1987.

domesticada, seguiam para o porto para embarque. Não havia nenhuma dessas vítimas da barbaridade humana que, ao pôr o pé na jangada, não olhasse, com olhos úmidos de pranto, para o azul do céu de sua terra. Todos choravam, mas suas lágrimas corriam despercebidas; eram lágrimas de escravos[91].

A Província do Amazonas (Manaus) foi a segunda a libertar os escravos (1.500 deles) em maio de 1884. Em março desse mesmo ano, o Ceará também libertou seus escravos. Essa notícia foi levada ao Barão de Santana Néri, em Paris, que se apressou em publicar nos jornais. O poeta e romancista Victor Hugo foi informado e parabenizou os amazonenses por esse feito[92].

A corajosa denúncia de Joaquim

A cidade de Belém do Pará foi sede temporária do Santo Ofício da Inquisição na década de 1760. Conforme os procedimentos comuns estabelecidos, as pessoas tinham um prazo para depor perante a "Mesa". Os depoentes tinham de entrar nos mínimos detalhes dos fatos que denunciavam. Era muito incomum os membros dos grupos oprimidos terem coragem de depor contra os detentores do poder político, econômico e

---

91. THEOPHILO, RODOLPHO, *História da secca do Ceará (1877-1880)*, Rio de Janeiro, Imprensa Ingleza, 1922, 250.

92. JOBIM, ANÍSIO, *O Amazonas, sua história*, São Paulo, Companhia Editora Nacional, 1957.

religioso. Entretanto *Joaquim Antônio* e *Francisca* superaram a barreira do medo e compareceram aos tribunais para defender sua honra e liberdade.

Identidade de Joaquim Antônio. Solteiro, do povo Angola, da África, fora escravo de Domingos Serrão de Castro e, posteriormente, de Francisco Serrão de Castro e de Manoel Serrão de Castro. Morador do engenho Boa Vista entre 25 e 26 anos de idade. Batizado na Igreja Matriz da Cidade de Angola. Joaquim era uma mercadoria humana que passara de mão em mão, desterrado, sem saber precisamente sua idade, sem raízes em uma só terra. O crime que vinha declarar era o de sodomia por *força e indústria*.

Fora instado pela Mesa a dizer tão somente a verdade e toda a verdade. Relatou que o filho de Domingos Serrão, Francisco Serrão, encontrava-se na loja da casa, por volta do meiodia, e ele sentado na escada que levava ao sobrado da casa. Francisco o chamou. Joaquim foi ver o que ele queria, e este o fez entrar na loja, fechou a porta e tirou a chave. Mandou que Joaquim se sentasse na cama em que costumava dormir, mas ele hesitara em fazer isso. Todavia, Francisco o agarrou e o lançou em cima da cama, ordenando que ele ficasse com o rosto voltado para a cama e de costas para cima. Obrigou-o a descer os calções. Ele percebeu logo o mau fim que o dito Francisco tinha naquelas ações. Isso porque ele já tinha ouvido muito seus companheiros, escravos do engenho, se queixarem de que ele os acometia pela parte prepóstera. Vendo que a porta estava fechada e que não tinha por onde fugir e temeroso de sofrer algum rigoroso castigo, conveio no que quis. Logo Francisco pretendeu, com toda a força, introduzir o seu membro viril dentro do vaso prepóstero dele. Contudo, não podendo tolerar isso, Joaquim se sacudiu como pôde, impedindo Francisco de consumar seu depravado apetite senão fora do dito vaso, enchendo-lhe as pernas do sêmen que derramou. Concluída a ação, Francisco lhe disse que nada contasse a pessoa alguma e lhe deu quatro vinténs, prometendo-lhe que lhe havia de dar ainda mais dinheiro. Ao abrir a porta, Joaquim saiu fugindo e passou a fugir de Francisco daí em diante, para que não lhe sucedesse outro fato semelhante ou pior aperto.

Depois disso, Francisco ficou com muita raiva de Joaquim e passou a ordenar que lhe dessem surras rigorosas, sempre com outros pretextos. Então, ele se dirigia ao Santo Ofício para descargo de consciência e para pedir perdão, e também para que usassem de misericórdia para com ele.

Disse ainda, para descargo de consciência, que Francisco, pelas mesmas razões, era useiro e vezeiro a cometer o pecado de sodomia e que por tal era havido e conhecido por todos ou pela maior parte das pessoas que se achavam no serviço do engenho. Muitos escravos se queixavam, mesmo os casados, de que com eles o ato se consumara. E disso davam prova, pois mostravam a ele as suas partes traseiras, todas inchadas na via do curso e lançando sangue, e tinham por certo que por essa causa morreriam, porque logo depois dos ditos atos e das ditas inchações adoeceram até que lhes acabaram as vidas.

Disse que conhecia Francisco havia cerca de dez anos e que ele sempre procurava se mostrar como bom cristão, porque sempre ia à missa nos domingos e dias santos, ainda que nem ele nem seu irmão mais velho cuidassem de ensinar a doutrina aos escravos nem de orientá-los espiritualmente em coisa alguma. E que ele costumava fornicar os escravos do engenho na forma como havia declarado, e que, por isso, pelos escravos, era tido como um péssimo homem.

Como a Mesa lhe perguntasse por que não fora mais cedo fazer a acusação, disse que só ficou sabendo pouco tempo antes que podia fazer aquela denúncia e também porque não tinha, mesmo depois que soube, liberdade necessária para o fazer. Só pôde fazer a denúncia, então, pois usou de pretexto de ir com outros vender lenha na cidade para conseguir algum dinheiro[93].

A história de Joaquim revela os meandros da opressão de que padeciam os escravos, além da opressão do duro trabalho cotidiano. Eram não apenas objeto de comércio (mercadoria), mas também de prazer de seus senhores, e tinham de suportar na maior humilhação as monstruosidades cometidas pelos colonos. Joaquim soube se utilizar das fímbrias sociais — ir à cidade vender lenha — para chegar até onde podia fazer conhecer sua humilhação e denunciar corajosamente os opressores. O relato revela também situações do cotidiano da vida dos escravos e a forma como a exploração sexual era uma violência a mais que ocorria na vida dos africanos subjugados.

---

93. Cf. J. R. do Amaral Lapa, *Livro da Visitação do Santo Ofício da Inquisição ao Estado do Grão-Pará. 1763-1769*, Petrópolis, Vozes, 1978, 261.

VIII
A violência do paradigma antropocêntrico

Olhando o estado de nosso planeta hoje, somos levados a pensar que o tema universo e natureza é um "paradigma perdido"[1] para a humanidade. Uma visão mais ampla sobre o meio ambiente nos faz perceber logo como tudo está conectado[2]. Toda práxis humana inserida nessa linha tem um viés profético, pois é defensora da *vida*.

O antropocentrismo exagerado é uma ameaça à vida. O que ele tem feito até agora está aí bem visível: a destruição da biodiversidade, da biosfera. Uma consequência das mais aterradoras é a Covid-19. Há muito tempo os profetas da vida já advertiam para essa tremenda catástrofe.

---

1. MORIN, EDGAR, *O paradigma perdido: a natureza humana*, Lisboa: Europa-América, 2000.

2. PAPA FRANCISCO, *Laudato Si'*; FERRARINI, S.A., *Sapiens, o humanizador. Luz vermelha no Planeta Azul*, Florianópolis: Ed. do Autor, 2016.

A conversão ecológica[3] não é somente uma orientação de cunho religioso, mas também científico, econômico, social e político.

A visão antropocêntrica moldou imensamente a relação do ser humano com todas as demais dimensões. Essa tirania exercida durante tanto tempo construiu o atual arcabouço do planeta Terra "humanizado". O caminho de volta ou rumo a outro paradigma requer a cultura ecológica = cultura da vida permeando o nível social, político, intelectual, religioso. Isso significa também falar de um novo estilo de vida e enveredar-se por ele.

Nossa cultura tem repugnância por se inspirar em outras culturas como a dos povos nativos da América, que não se fundam num paradigma de consumo, de beligerância, de movimento; têm uma visão mais holística, da qual decorrem um ser e agir mais equilibrados e harmoniosos. Sempre que a centralidade da cultura é a *vida* para todos, muitos escorregões, tombos e fatalidades podem ser evitados e até mesmo rechaçados. Aqui entra em cheio a educação. Educação e educadores, movidos pelo motor primeiro de ser vida, gerar vida para todos (seres humanos, fauna, flora e as estruturas que sustentam essa vida), garantirão a sobrevivência. Mudar para sobreviver é fundamental. Trata-se do bem viver impregnado nos povos nativos.

Margot Bremer relata, por exemplo, que os guaranis

> nos ensinam a encontrar na ordem da natureza e do cosmo a verdadeira ordem sonhada por Deus quando

---

3. PAPA FRANCISCO, *Laudato Si'*.

iniciou a criação com sabedoria. Eles, convivendo com esta terra e caminhando sobre ela, encontram, na vida que ela produz e abriga, imensas manifestações da sabedoria divina. Em uma palavra: a natureza e o cosmos para eles são as primeiras fontes da revelação de Deus. E os povos andinos nos ensinam o bem viver[4].

Todos os dias são dias da Terra, mas, para que isso seja mais sensível e valorizado, foi criado o Dia da Mãe Terra, 22 de abril. Ela é a gestora da vida. Muitas vezes, usamos a expressão "trabalhar a terra" ou "o agricultor trabalha a terra". Pensando bem, seria o contrário: é a terra que vai trabalhar para nós. Você joga aqui e ali alguma coisa e, tempos depois, surge uma planta. E, mesmo que não lançasse nada, alguma vegetação nasce da terra. Por isso, estar atento aos gritos da terra e aos gritos dos pobres, aos gritos de toda criatura que sofre, no fundo, é a mesma coisa, pois tudo está conectado. É preciso bastante sensibilidade para sentir-se parte da natureza, saber que somos terra/barro/húmus ambulante.

A natureza vive uma eterna páscoa, e também passa por um processo de paixão e morte, mas é para trazer mais vida. O mais bonito, tanto na humanidade como na natureza (na fauna, na flora...), são as diferenças, o que não significa desigualdade. Os jardins são bonitos graças à diversidade de flores que os compõem. O que falta no antropocentrismo é essa compreensão das diferenças para a riqueza do todo. Os povos

---

4. BREMER, MARGOT, Vida Religiosa: relectura a partir de paradigmas cósmicos, *Revista Clar*, ano XLIX, n. 4 (2011), 47-60.

nativos, em geral, vivem a reciprocidade com todas as criaturas da natureza e do cosmo, assim, consertando o desequilíbrio criado. Com certeza, essa postura é a que dará à comunidade cósmica equilíbrio com toda a criação.

Urge viver hoje a dimensão cósmica. "É necessário uma visão da terra como lugar criativo e produtivo, onde o relacionar-se com todos os seres vivos em nossa diversidade e interatuar em reciprocidade possa desenvolver a vida em forma de uma grande comunidade cósmica que caminha à sua própria plenitude."[5]

Paulo Freire nos ensinava que, mais do que educar o mundo, é necessário educar as pessoas para que mudem o mundo. E essa educação dará distintos olhares, percepções sobre o mundo. Pode-se fazer uma leitura científica sobre o mundo, como se pode fazer também uma leitura plástica, espiritual, poética, cabocla... todas visando a gerar, garantir, defender sempre a *vida* para todas as criaturas.

Quando passarmos do enamoramento pelo mercado para o enamoramento pela vida, muitíssimas coisas irão mudar. Você não irá cortar uma árvore por qualquer motivo; você saberá que a beleza e a doçura de uma guloseima da prateleira da venda lhe farão mal à saúde pelo excesso de drogas que a compõem; você saberá que produtos orgânicos são mais saudáveis; você não utilizará coisas descartáveis etc. O mercado conduz a pessoa ao bem próprio e não ao bem comum. É bom caminharmos cantando para não chegarmos ao término chorando.

---

5. Idem, ibidem.

A domesticação do ser humano é tão forte que produz grande resistência a mudanças geradoras de vida porque implica fazer uma releitura a fundo da existência e do que a sustenta. Entretanto as mudanças são urgentes e necessárias. A depredação do planeta é galopante, e maior ainda é a do bioma, como o amazônico, mais ela é sentida. Recuperar a dimensão cósmica é a garantia de produzir uma nova sociedade baseada na interdependência, nas diferenças, na fraternidade, no bem comum.

Estamos celebrando o cinquentenário da chegada do ser humano à Lua (1969). A partir do século XXI, passou a se falar muito da presença humana (pessoal ou por intermédio de seus aparatos científicos) em Marte e em outros planetas. São fatos que nos interpelam sobre como o ser humano se move no planeta Terra, no Universo. Há uma dimensão de humanização que é muito nefasta[6]. Aonde o ser humano chega, as outras criaturas fogem, quando não são eliminadas. O antropocentrismo subjuga cruelmente o meio ambiente, a flora, a fauna, a terra... e inclusive o próprio ser humano, sobretudo os mais pobres. O mercado, o consumo, a tecnologia são os senhores do Cosmos. Em meio à pandemia dos anos 2020/2021, a mídia, desesperada, insistia em medidas para poder se voltar ao consumo! Não se fala da urgência da sobriedade que a pandemia sugere. Quem não se considera membro da *casa comum* e não está nem aí com o planeta é o grande responsável pelo estado de vida moribunda da Terra. É o que apresentamos no quadro a seguir.

---

6. FERRARINI, S. A., *Sapiens, o humanizador. Luz vermelha no Planeta Azul*, Florianópolis: Ed. do Autor, 2016.

Vocação das criaturas segundo duas visões		
Criaturas	Capitalista/antropocêntrica	Ecologista/Cosmocêntrica
árvores vegetação	madeira construção carvão dinheiro obstáculo à pecuária fogo móveis comércio perigo **inimigo a ser vencido**	proteção, sombra beleza nicho ecológico frutas artesanato medicina pousada de pássaros ar puro energia fotossínteses **VIDA**
rios lagos riachos/arroios/ igarapés	hidrelétricas dinheiro economia indústria comércio esclusas/transporte poder **inimigo a ser vencido**	beleza nicho ecológico ócio fonte de alimentação água comunicação paisagem, inspiração **VIDA**
aves animais	dinheiro comércio Zoológico/jaula cativeiro, adorno / ornamento comida diversão perigo **inimigo a ser vencido**	beleza canto equilíbrio ecológico multiplicação das espécies controle natural cores cadeia alimentar **VIDA**

Vocação das criaturas segundo duas visões		
Criaturas	Capitalista/antropocêntrica	Ecologista/Cosmocêntrica
aliados	mercado, poderes, empresas forças policiais...	todos(as) os(as) que defendem a vida para todos(as).
paradigma	progresso, desenvolvimento, civilização, consumo	qualidade de vida, bem viver, harmonia cósmica
agentes	"cidáforos" (compreendidos como portadores de venenos)	"bióforos" (compreendidos como portadores de vida)
considerados	heróis da civilização	terroristas

IX
A violência por déficit de natureza

Todos(as) nós sofremos em nossa vida transtornos, desde o dia em que nascemos. Com a ajuda das ciências, da família, da educação, normalmente vamos superando esses obstáculos. Mas o mundo da tecnologia, da industrialização, da urbanização, a modernidade em geral, geram outros tantos transtornos. Quando não estamos em harmonia nas quatro dimensões — com nós mesmos, com os demais, com o mundo, com a natureza e com o transcendente —, algo se desequilibra e nos transtorna. Aparecem, então, os déficits.

Se houver ruído demais, não poderemos nos concentrar, nos comunicar; podemos até mesmo cair enfermos. Se houver consumo excessivo, além das enfermidades, podem ocorrer situações de pobreza ou acumulação de bens, desperdício, desequilíbrio na natureza. Se houver muita tecnologia, certamente, haverá pouca comunicação, muita superficialidade. Fala-se, inclusive, que, no momento mesmo em que o ser humano descobre uma tecnologia, já se torna escravo dela. Se o ser humano passa a viver imerso na tecnologia, no mundo urbano e em meio a seus atrativos, certamente pode ter um déficit de natureza. A esse déficit se soma o de interioridade ou de espiritualidade.

Jaime Tatay explica que há menções a um tipo de Transtorno por Déficit de Natureza. Num mundo digital como o nosso, que

> se urbaniza em grande velocidade, e no qual cada vez mais pessoas crescem longe do mundo rural, ignorando, portanto, os ciclos da natureza, como se desenvolvem as plantas e o comportamento dos animais, a expressão não é de todo descabida. De fato, há estudos que tratam de mostrar os efeitos que tem sobre a saúde uma prolongada desconexão com o mundo natural. Diferentemente do TDAH (Transtorno do Déficit de Atenção e Hiperatividade), neste caso, o transtorno não se deve tanto a causas genéticas ou hereditárias, senão ao contexto cultural no qual cada vez mais pessoas *se encontram imersas*[1].

Governos, políticas, sistemas educativos e, inclusive, familiares, mídias etc. organizam a vida com base no mundo metropolitano, do consumo, do capitalismo, e agravam ainda mais esse desequilíbrio. Quando, por exemplo, investem contra os biomas — a Amazônia, entre outros —, e isso é repetidamente veiculado pelas mídias, gera-se uma cultura que distancia o ser humano da natureza, ignorando-a e mesmo considerando-a como inimiga do progresso, da civilização. Para essa cultura desenraizada do meio ambiente, *time is money, nature is money...*

---

1. TATAY, JAIME, Trastorno por déficit de espiritualidad, *Revista Mensajero* (2019) n. 1.510.

Por isso, vemos a natureza (a fauna, a flora e todo o meio ambiente) sendo destruída.

A situação fica ainda mais desequilibrada quando a dimensão da espiritualidade não entra nesse tema: trata-se, então, de déficit de espiritualidade. Isso significa que não sabemos mais olhar as distintas realidades com olhos misericordiosos, fraternos, solidários. Julgamo-nos superiores e aptos a realizar qualquer investida contra a fauna, a flora, enfim, o meio ambiente. Estamos com um demasiado superávit de consumo, de poder, de superficialidade, de ruído, que entorpecem a atenção, a sensibilidade e a capacidade de compaixão.

É importante recuperar, redescobrir ou até mesmo aprofundar nossa relação com a natureza e trabalhar nossa interioridade ou espiritualidade, se desejamos que nossa *casa comum* sobreviva a todos os *tsunamis* e terremotos de nossos tempos. Eis aí um desafio para o mundo acadêmico, para os sistemas educativos.

Os sintomas de um Transtorno por Déficit de Interioridade podem ser a superficialidade de vida, a dispersão, a desconexão com a natureza, o individualismo. Esse modelo leva a um empobrecimento da experiência humana, reduzida ao pequeno círculo pessoal, a interesses egoístas. Não será o consumo irracional nem a submissão às máquinas e à tecnologia que darão respostas adequadas aos problemas da humanidade.

Esse déficit faz minguar a atenção ao mundo exterior, às diferentes formas de vida, aos clamores dos prescindidos. Constrange o coração a viver inquieto, desconectado do cosmos, incapaz de inserir-se no contexto da criação.

Quando uma pessoa tem coragem de parar para ver o que a humanidade fez com toda a tecnologia, com a cultura do desenvolvimento, do progresso, fica abismada. Os oceanos e rios são as grandes lixeiras dessa cultura, a agricultura dos *sapiens* é movida por venenos (cidas) e sabemos que a água é um bem escasso e que muitos povos já sofrem essa escassez. A contaminação ambiental está em ascensão e, como consequência disso, os hospitais estão repletos de pessoas enfermas. Os bosques desaparecem e os mananciais secam, biomas são violados em sua identidade e obrigados a produzir como os *sapiens* desejam... E sabemos que todas as criaturas têm direito à vida plena.

X
A violência oculta nos sentidos

Cientistas responsáveis, comprometidos com a qualidade de vida e com sua perenidade, não cansam de afirmar o perigo que corre a Amazônia. Se não cessar esse ritmo de interferência nesse bioma e em outros, a sobrevivência da humanidade estará em risco. Seria muito bom se as escolas, universidades e todos os centros de formação, incluindo a família, tivessem como objetivo, em todas as suas políticas, seus programas e práticas o que de fato gera a vida. É preciso haver uma educação que reveja o direcionamento dos sentidos, porque em geral estes são baseados no individualismo, no consumismo, na arrogância da supremacia do ser humano, no machismo, no materialismo. É esse tipo de academicismo, de escolarização incutida nas mentes de uma maioria, que a torna a educação insensível aos encantos da Amazônia e só permite que seja vista sob o prisma do mercado. O mercado domestica os sentidos para que os indivíduos se tornem passivos consumidores, para que não percebam o mal que causam à vida no planeta, os anestesia com imagens, sons, percepções, sabores voltados para o consumo.

Esse tipo de educação, que felizmente já se esboça em âmbitos mais naturalizados, incorpora uma nova sensibilidade em relação ao meio ambiente; é capaz de fazer pressão sobre governos e exigir leis mais naturalizadas, porque as humanizadas foram incapazes até agora de ter uma relação pacífica com a natureza. É necessário haver novos ambientes educativos, muitos espaços em que se possa falar com paixão, respeito e realismo sobre o ecossistema!

Uma educação bem fundamentada será capaz de gerar um novo tipo de cultura, de padrão cultural, que restabeleça a amizade entre o ser humano e os outros seres e a estrutura que sustenta a vida. Uma educação que tenha como horizonte a *vida* e não o lucro, o poder, o dinheiro. Que todos os profissionais sejam formados para a *vida*, para fazer o bem. Que cada curso tenha como horizonte a *vida*. Assim, poderíamos nos perguntar: que contribuição devem dar o matemático, o biólogo, o literato, o engenheiro, o gari, a doméstica, qualquer outro profissional, para a qualidade de vida do planeta? Em todo curso em que as pessoas se iniciam, têm-se em mira, a princípio, o quanto se vai ganhar, o quanto se pode acumular, vencer a concorrência, ostentar, desperdiçar... Enquanto não mudarmos esse paradigma, a esperança de vida para as próximas gerações será para lá de sombria. A pandemia dos anos 2020/2021 está aí para comprovar tudo isso. Gestar uma nova cultura de ser e de estar no planeta é urgente.

Precisamos de uma educação planetária, uma vez que todos os habitantes do planeta têm hoje o mesmo destino. Uma ação boa ou má repercute em toda a Terra. Já foi o tempo de uma educação só para o situado localmente. A árvore cortada aqui fará falta para a criança de Bukirna Fasso. Precisamos de uma educação que engaje o jovem na construção de um mundo habitável que necessite da Amazônia assim como necessita das florestas da Malásia — hoje, quase todas elas se tornaram cinzas —, das florestas ameaçadas do Congo. Uma educação que considere a diversidade cultural e que se mova contra a onda que pretende uniformizar a cultura pela imposição de modelos.

Enquanto a humanidade for movida pela cultura do automóvel, no modelo atual, pouca coisa irá mudar. O carro é um grande meio de poluição e requer muito material. Se cada habitante do planeta tivesse um carro, a Terra já estaria agonizando como, aliás, já está. É impressionante como o mercado tece louvores ao aumento da indústria automobilística e, ao mesmo tempo, diz se preocupar com o meio ambiente. Por que os governos não investem na qualidade dos transportes públicos — ferroviários, marítimos e fluviais? Será que uma pessoa com o seu carro tem tanto "direito" de contribuir para a degradação da vida do planeta? Será que tem tanto direito a ocupar grandes espaços, enquanto o pobre não ocupa mais que uma mesinha e uma cadeira?

Precisamos reeducar os sentidos, pois, historicamente, os sentidos do ser humano foram sempre orientados para o consumo. Raras vezes e em raros casos foram educados ou se educaram ou se converteram para outra dimensão. Francisco de Assis é um protótipo da educação dos sentidos voltada para a vida, a beleza, a harmonia. Daí ele poder exclamar: "meu irmão

Lobo, minha irmã Água!". Do mesmo modo, os monges do deserto, que tinham as feras como seres amigos e aliados.

O mercado orientado pelo capitalismo dirige seus sentidos para que percebam onde há possibilidade de obter fortuna, lucro, e não interessa por quais meios. A água lhe interessa se puder ser represada e convertida em hidrelétrica, em regado para seus latifúndios monocultores; o peixe lhe interessa se puder ser tecnologicamente adaptado em cativeiro para ser comercializado; o papagaio lhe interessa se for capturado para se tornar um animal falante engaiolado; o tigre, a onça, o urso lhe interessam se forem enjaulados para serem apreciados pelos humanos; as aves lhe interessam se puderem se tornar finas iguarias; o curió lhe interessa se, vazados os seus olhos, puder ser aprisionado para cantar e participar de concursos; os jacarés lhe interessam pois podem se tornar finos sapatos e bolsas; as onças lhe interessam para a indústria da moda (uma das que mais poluem no mundo). Nada lhe interessa em sua liberdade. O capitalismo não consegue contemplar uma orquídea, uma arara, um cará-bandeira, uma cachoeira ou qualquer outro elemento da natureza, *in natura*, livre, sem ser domesticado, colocado num zoológico, escravizado em favor do lucro. Só tem valor se rende.

Portanto, se faz necessária uma educação que reoriente a **visão**: para não ver somente a Amazônia na dimensão do marketing, do econômico, dos negócios (recursos naturais). Um olhar capaz de contemplar as belezas em seu estado natural, livre: aves, flores, insetos... Perceber o macro e o micro como as múltiplas tonalidades de verde.

Reeducação da **audição**: para não ouvir na dimensão do prazer prisioneiro (aves na gaiola), porque o seu canto não só lhe encanta, mas, sobretudo, rende dinheiro. Ouvido capaz de apreciar as harmonias em seu *habitat*. Eliminar do ouvido os sons estridentes de máquinas, a poluição sonora das cidades; dos gritos; das festas de salão com o som ao máximo. Há uma geração que não sabe o que é uma brisa suave, o canto de uma cigarra, o zumbido de uma abelha. Não sabe distinguir os sons, os cantos e as harmonias.

Reeducação do **olfato**: para não sentir só na dimensão do valor econômico do perfume das essências, das madeiras, das flores. Além do buquê dos vinhos, saber distinguir olores das plantas. Também não é demais sentir o "pixé", isto é, o cheiro de um trabalhador no final do dia, pois ele significa energia dispensada na produção de algo... A Amazônia abriga uma infinidade de essências.

Reeducação do **paladar**: para não se sentir apenas o prazer de uma carne de animal, de uma ave assada, na panela, na frigideira. Aves, peixes e animais têm outras funções na natureza. Ser um *sommelier* para além do vinho, distinguindo os sabores. Estamos tão acostumados a carregar uma comida ora de açúcar, ora de sal, que já desconhecemos outros gostos. Nosso paladar está totalmente domesticado, e o mercado tira um enorme proveito disso. O mercado quer domesticar todos os sentidos, de modo que eles estejam todos voltados para ele.

O lucro embruteceu o ser humano de um modo que ele só valoriza o **tato** quando este amacia casacos de pele de animais, outras roupas, calçados, bolsas... Faz um bem imenso tocar num tronco centenário de uma árvore, permitir que uma borboleta pouse em seu dedo e sentir a dor da picada de uma tocandira.

Nossos sentidos estão orientados para o econômico, para a exploração da natureza (e do ser humano também). Por que ver na floresta, nos rios, na fauna, na flora apenas recursos naturais, objetos de negócio, usos econômicos? Uma árvore tem uma função social muito mais nobre do que somente se transformar em mercadoria. Mas essa conversão ecológica não vai ocorrer se ficarmos apenas pensando sentados(as) num sofá. Acontecerá se for vivida, tocada. Isso já insinuava Michel A. H. Ende em *A história sem fim*.

Claro que essa dimensão, essa nova proposta de visão, não cabe no modelo mercantilista, capitalista, neoliberal, consumista. Uma mudança de estilo de vida é imprescindível se quisermos ter um futuro para as atuais e vindouras gerações.

Infelizmente, as escolas e universidades e, em geral, todas as instituições são receptáculos e reprodutores de uma civilização portadora de morte. Algumas ousam realizar outro tipo de educação; outras realizam apenas ações pontuais para manter uma certa fachada. Todas as instituições, sobretudo as escolares, devem se transformar em núcleos geradores de esperança para um mundo em que seja possível o desfecho "e viveram felizes para sempre", como concluem as histórias infantis.

XI
Amazônia e bem-estar integral dos viventes

Não podemos desconsiderar que o bioma amazônico é partilhado num âmbito fronteiriço por nove países da América do Sul e por todos os países do planeta Terra por meio de seus recursos, sobretudo o oxigênio. Portanto, é um patrimônio natural mundial que está sob a guarda desses nove países e da ONU. Para preservar essa identidade, essa fonte de vida comum a todos(as), há um custo que deve ser dividido proporcionalmente entre todos os países. Os que mais contaminam, poluem e destroem o meio ambiente, por justiça, devem pagar mais.

É uma área de cerca de 6 milhões de quilômetros quadrados. É um bioma que contém uma infinidade de riquezas e que é responsável pelo equilíbrio do planeta. O bem-estar do planeta, com todas as suas criaturas, está conectado a esse espaço natural repleto de vida. Vejamos algumas razões pelas quais podemos dizer que a Amazônia é um *berço acolhedor de tanta vida*.

A Amazônia é uma fonte imensa de ÁGUA. Nada pode, neste planeta, viver sem água. O bioma amazônico, mantido em sua integridade identitária, contribui para o bem-estar dos viventes, garantindo esse recurso essencial à vida. Com o azul (água), temos o verde (vegetação).

A Amazônia é uma fonte de MEDICINAS, é um campo imenso de recursos para a medicina de que a humanidade necessita para sanar suas enfermidades.

A Amazônia é fonte de INSPIRAÇÃO. Suas distintas paisagens contribuem para a criação artística, literária, folclórica, cultural etc. Seus imensos rios e lagos, os variados coloridos das águas, das folhagens, dos insetos fazem parte de poemas, cantos, relatos, desenhos e pinturas.

A Amazônia é fonte de uma ESPIRITUALIDADE, alcançada por meio da contemplação de uma multiplicidade de criaturas, do silêncio profundo das águas, dos bosques, da suavidade do voo das garças, das borboletas, das araras, da grandiosidade da vitória régia, da sumaúma, de seus mais diminutos e coloridos insetos... Essa diversidade nos convida a apreciar, a uma imersão nesses mistérios da natureza e a abandonar uma visão meramente mercantilista[1].

A Amazônia como iluminação para um ESTILO DE VIDA. Os povos originários, as comunidades ribeirinhas, inspiram um estilo de vida e harmonia com o cosmos, com a natureza. Seus arquétipos e paradigmas remetem ao essencial da vida e a uma relação com o transcendente. A atual civilização

---

1. Veja-se, por exemplo, *A festa das frutas. Uma abordagem antropológica das cerimônias rituais entre os Tuyuka do Alto Rio Negro*, de JUSTINO SARMENTO RESENDE, tese de Doutorado apresentada à UFAM, Manaus, 2021.

pode aprender com eles a realizar uma comunhão com as criaturas, a alcançar os limites no uso dos recursos naturais, o trabalho/prazer de manter o jardim e os valores presentes em todas essas realidades.

A Amazônia como fonte de RECURSOS ALIMENTARES. Assim como os biomas mais secos nos dão as tâmaras, os solos da Ucrânia, os cereais, a deliciosa manga vem do Sudeste asiático, as águas frias do Hemisfério Norte nos dão o salmão, o México nos deu o milho, a Amazônia nos fornece centenas de espécies de frutas comestíveis e incontáveis espécies de peixes — entre 2014 e 2015 foram descobertas 93 novas espécies —, entre outras coisas.

A Amazônia como exemplo de INTERDEPENDÊNCIA. O solo produtivo da Amazônia é, em geral, pouco profundo. Mas a vegetação se mantém em pé graças à proximidade das plantas e a sua interdependência. Tudo está conectado: hidrografia, fauna, flora, solos etc. A Amazônia abriga 20% da fauna do planeta. Essa variedade de vida se conecta, vive em harmonia.

A Amazônia é indispensável para os SERVIÇOS AMBIENTAIS do planeta. O clima depende em grande parte dos grandes biomas úmidos tropicais, como o da Amazônia, do Congo, de Mekong, das ilhas da Oceania, este quase todo destruído. O grande Rio Amazonas carrega um depósito incalculável de sedimentos, além da água, para o oceano, influenciando imensamente o equilíbrio climático. Os bosques amazônicos mantêm o ciclo das chuvas, influenciam a fauna e a flora marinha. Graças aos ventos que circulam na Amazônia, uma vasta parte do continente sul-americano é beneficiada com as chuvas.

A Amazônia é uma entidade com IDENTIDADE PRÓPRIA. Este grande bioma tem, na maior parte de seu território, uma identidade que lhe é própria. É com essa identidade que ele contribui para o bem-estar de todas as criaturas do planeta. O grande mal que se faz à Amazônia é violentar essa identidade, é provocar desequilíbrio, algo que o mercado consumidor gosta muito de fazer, bem como gerar o tipo de civilização e progresso da atual cultura planetária perdulária.

O ser humano só encontra o bem-estar quando se alimenta suficientemente, quando não tem enfermidades agudas, quando se relaciona serenamente consigo, com os outros e com o meio ambiente, quando não vive somente para produzir e consumir, quando vive em harmonia com todas as criaturas, quando partilha seus bens. As florestas e a vegetação existem há muito tempo, muito antes do *Homo sapiens*, e poderão existir sem os humanos; mas os humanos não podem viver um instante sem as florestas, os bosques, as algas... Este *berço acolhedor de tanta vida* é essencial para a vida do planeta e suas criaturas.

Edições Loyola

editoração impressão acabamento

Rua 1822 n° 341 – Ipiranga
04216-000 São Paulo, SP
T 55 11 3385 8500/8501, 2063 4275
www.loyola.com.br